军队院校无损检测技术系列丛书

磁粉检测技术

CIFEN JIANCE JISHU

李小丽　陈新波　房　琳　郭　奇　等　编著

航空工业出版社

北　京

内 容 提 要

本书是军队院校无损检测技术系列丛书的一个分册。本书依据无损检测岗位需求来设置项目任务，将磁粉检测技术的理论、设备、工艺和案例融入具体的项目中，将教、学、做融为一体，注重“做中学、学中做”，让读者在完成项目任务的过程中掌握相关的理论知识和实践技能。

本书可作为航空装备无损检测岗位人员开展磁粉检测工作的指导用书，也可作为航空类职业技术院校无损检测专业教材和相关专业人员的学习参考用书。

图书在版编目（CIP）数据

磁粉检测技术 / 李小丽等编著. -- 北京 : 航空工业出版社，2025. 1. --（军队院校无损检测技术系列丛书）. -- ISBN 978-7-5165-3934-7

Ⅰ. TG115. 28

中国国家版本馆 CIP 数据核字第 2024J1Q728 号

磁粉检测技术
Cifen Jiance Jishu

航空工业出版社出版发行
（北京市朝阳区京顺路 5 号曙光大厦 C 座四层 100028）
发行部电话：010-85672666 010-85672683

北京天恒嘉业印刷有限公司印刷　　全国各地新华书店经售
2025 年 1 月第 1 版　　2025 年 1 月第 1 次印刷
开本：787×1092 1/16　　字数：300 千字
印张：11. 75　　定价：72. 00 元

《磁粉检测技术》编写组

李小丽　陈新波　房　琳　郭　奇

王　晋　孙法亮　汪洪量　徐　伟

王　莉　黄富明

前　言

无损检测是实现质量控制、保证设备安全的重要技术手段，随着航空装备技术的不断发展，无损检测在航空装备保障中越来越显示出它的重要性。依据航空装备保障无损检测岗位需求，编委会组织编写了军队院校无损检测技术系列丛书，共 8 册，包括《无损检测概论》《超声检测技术》《磁粉检测技术》《涡流检测技术》《射线检测技术》《渗透检测技术》《目视检测技术》《无损检测综合技能训练》，本分册为《磁粉检测技术》。

磁粉检测技术是航空装备保障中应用最早的无损检测方法，是从事无损检测工作人员必须掌握的无损检测技能之一。为适应军队院校航空装备无损检测岗位需求，本书以磁粉检测技术的实际应用为主线，以培养无损检测岗位任职能力为目标，以加强技能训练和方法应用为落脚点，在内容、体例设计上进行了创新。与其他同类书籍相比，本书具有以下特点。

①编写内容选取紧贴岗位需求。本书在内容编排上打破了传统的知识框架，在分析岗位需求的基础上，以“必需、够用”为原则，将知识内容分解为与无损检测岗位紧密相关的 4 个篇章 15 个项目 52 个任务。将知识点巧妙地设计为具体的学习任务，通过任务的实现过程带动读者对知识的学习，不但可帮助读者快速掌握知识点，而且还可让读者感知到不同知识点在不同岗位中的运用。

②采用项目任务式的编写体例。本书以“任务驱动”为主线，采用项目任务式体例进行编写，每个项目安排“项目目标、项目描述、项目实施、项目训练”等内容，注重航空装备磁粉检测知识的运用和能力、素质的培养。

③依据岗位需求设置项目任务。本书依据航空装备无损检测岗位需求设置项目任务，将与岗位相关的理论知识和实践技能融入每一个具体的项目任务中，注重“做中学、学中做”，让读者在完成具体项目的过程中学会完成相应的工作任务，掌握相关的理论知识和实践技能。

④融入思政元素，发挥育人作用。本书以“职业精神、品质精神、团队精神、创新精

神”为主题，选编了体现航空机务人员“爱岗敬业、精益求精、追求卓越、协作共进”优良品质的励志名言，融入每个章节，让读者在学知识的同时不忘岗位职责。

本书由李小丽、陈新波、房琳、郭奇等编著。其中，入门篇编写人员为王晋、孙法亮，设备篇编写人员为陈新波、房琳，工艺篇编写人员为李小丽、徐伟、汪洪量，岗位篇编写人员为李小丽、郭奇、陈新波。王莉、黄富明对本书的图文进行了校对，李小丽对全书进行了统稿和审校。此外，还要特别感谢夏纪真为本书的编著提供了宝贵的修改意见和无私的帮助。本书在编著过程中参考和引用了许多文献资料，在此一并表示衷心的感谢！

由于作者水平有限，书中难免存在不足和疏漏之处，敬请广大读者多提宝贵意见和修改建议。

编著者

2024 年 9 月

目 录

磁粉检测理论基础

爱岗敬业是职业精神的根本。所谓“爱岗”就是要热爱本职工作，干一行、爱一行；所谓“敬业”就是要对待自己的工作勤勤恳恳、兢兢业业，钻一行、精一行。

磁粉检测技术是航空装备保障中最常用的无损检测技术之一，它适用于铁磁性材料工件表面或近表面的无损检测，操作简便，检测成本低，速度快，也是航空装备保障工作中质量控制的主要手段之一。在入门篇中，我们将结合工作实际需要，介绍磁粉检测技术的发展历史与现状、磁粉检测的原理与特点，以及成为一名合格的磁粉检测人员的必备条件。通过本篇的学习，大家能够掌握磁现象、材料的磁特性、磁场的合成、漏磁场、退磁场等基础知识，为今后正确运用磁粉检测技术实施磁粉检测奠定理论基础。在入门篇中主要完成以下项目及任务的学习。

【任务导图】

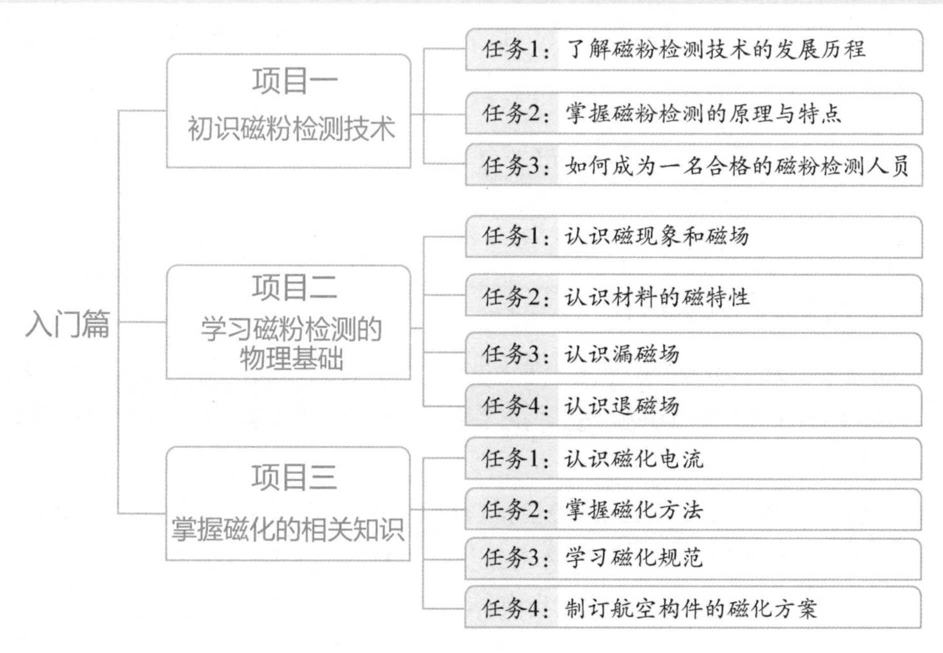

项目一：
初识磁粉检测技术

【项目目标】

➢ 知识目标

1. 了解磁粉检测技术的发展历史与现状；
2. 掌握磁粉检测技术的原理与特点；
3. 如何成为一名合格的磁粉检测人员。

➢ 能力目标

熟知磁粉检测人员所必需具备的知识、技能和素质目标。

【项目描述】

磁粉检测技术是航空装备保障中最常用的五大常规无损检测技术之一。现有飞机的很多零部件都是由铁磁性材料制成的，而磁粉检测对铁磁性材料工件的表面和近表面缺陷具有很高的检测灵敏度，可发现微米级宽度的小缺陷，这是其他无损检测方法无法比拟的，所以对铁磁性工件表面和近表面缺陷的检测宜优先选用磁粉检测，确因工件结构、形状等原因不能使用磁粉检测时，方可使用渗透检测或涡流检测方法。为了让大家很好地掌握磁粉检测技术，本项目将从磁粉检测技术的发展历史与现状、磁粉检测技术的原理与特点，以及如何成为一名合格的磁粉检测人员三个方面介绍磁粉检测技术，为后期深度学习奠定基础。

【项目实施】

任务 1
了解磁粉检测技术的发展历程

“磁粉检测”从字面上就可以看出它是一种以磁粉作为缺陷显示介质，专门用来检测铁磁性材料/工件的无损检测技术。这种技术是谁提出的呢？又经历了哪些发展历程呢？

一、早期的磁现象

磁粉检测是利用磁现象来检测铁磁性材料和工件中缺陷的方法。人们发现磁现象比电现象要早得多，早在战国时期，我国劳动人民就发现了磁石吸铁现象，并用磁石制成了“司南勺”（见图 1-1），后来又发明了指南针（见图 1-2），并最早应用于航海事业。

图 1-1　司南勺　　图 1-2　指南针

17 世纪法国物理学家对磁力做了定量研究。19 世纪初期，丹麦物理学家奥斯特发现了电流周围也存在磁场。与此同时，法国科学家毕奥、萨法尔及安培，对电流周围磁场的分布进行了系统研究，得到了一般规律。英国物理学家法拉第提出了磁感应线的概念。这些伟大的科学家在磁学史上树立了光辉的里程碑，也给磁粉检测技术的创立奠定了理论基础。

二、磁粉检测技术的起源

早在 19 世纪，人们就已开始从事磁通检漏试验。1868 年，英国《工程》杂志首先发表了利用罗盘仪探查磁通以发现枪管上不连续性的报告。8 年之后，Hering 利用罗盘仪检查钢轨不连续性，获得美国专利。

1918 年，美国人 Hoke 发现，由磁性夹具夹持的硬钢块上磨削下来的金属粉末，会在该钢块表面形成一定的花样，而此花样常与钢块表面裂纹的形态相一致，被认为是钢块被纵向磁化而引起的。根据这种现象，Hoke 提出了磁粉检测的构想，当时由于受到磁化技术以及磁粉质量的限制，这种通过磁化工件来检测缺陷的方法没有成功实现，但却被视为是磁粉检测技术的雏形。

1928 年，De Forest 为解决油井钻杆断裂问题，研制了周向磁化法，还提出使用尺寸和形状可控并具有磁性的磁粉的设想，经过不懈的努力，磁粉检测方法基本研制成功，并获得较可靠的检测结果。

1930 年，De Forest 和 Doane 将研制出的干磁粉成功应用于焊缝及各种工件的探伤。1934 年，成立了生产磁粉检测设备和材料的 Magnaflux（磁通公司），对磁粉检测的应用和发展起了很大的推动作用。在此期间，首次用来演示磁粉检测技术的一台实验性的固定式磁粉检测装置问世。

磁粉检测技术早期被用于航空、航海、汽车和铁路部门，用来检测发动机、车轮轴和其他高应力部件的疲劳裂纹。在 20 世纪 30 年代，固定式、移动式磁化设备和便携式磁轭相继研制成功，湿法技术也得到应用，退磁问题也得到了解决。

1935 年，油基磁悬液在美国开始使用。

1936 年，法国人申请了在水基磁悬液中添加润湿剂和防锈剂的专利。

1938 年，德国出版了《无损检测论文集》，对磁粉检测的基本原理和装置进行了描述。

1940 年，美国出版了《磁通检验的原理》教科书。

1941 年，荧光磁粉投入使用。磁粉检测从理论到实践，已初步成为一种无损检测方法。

三、磁粉检测技术的发展

第二次世界大战后，磁粉检测在各方面都得到迅速的发展。各种不同的磁化方法和专用检测设备不断出现，特别是在航空、航天、钢铁、汽车等行业，不仅用于产品检验，还在预防性维修工作中得到应用。在 20 世纪 60 年代工业竞争时期，磁粉检测向轻便式系统方面进展，并出现磁场强度测量、磁化指示试块（试片）等专用检测器材。由于硅整流器件的进步，磁粉检测设备也得以完善和提高，检验系统也得到开发。随着无损检测工作日益被重视，磁粉检测Ⅰ、Ⅱ、Ⅲ级人员的培训与考核也成为重要工作。

1978 年，第一次将可编制程序的元件引入，代替了磁粉检验系统的逻辑继电器。高亮度的荧光磁粉和高强度的紫外线灯的问世，极大地改善了磁粉检验的检测条件。如今，湿法卧式磁粉检验系统已发展到使用微机控制，磁粉检验法已包括适配的计算机化的数据采集系统。

值得一提的是苏联航空材料研究院的瑞加德罗，毕生致力于磁粉检测的研究和开发工作，在磁粉检测方面做出了卓越的贡献。50 年代初期，他系统地研究了各种因素对检测灵敏度的影响，在大量试验的基础上，制定了磁化规范，被世界许多国家认可并采用。

磁粉检测技术在我国也经历了一个快速发展的过程。从解放前仅有几台进口蓄电池式直流检测机用于航空工件的维修检查，到新中国成立后磁粉检测在航空、兵器、汽车等机械工业部门首先得到广泛应用，再到目前磁粉检测设备快速发展，已实现了专业化和系列化，我国三相全波直流检测超低频退磁设备的性能与国外同类设备的水平相当。交流磁粉探伤机用于剩磁法检验时加装的断电相位控制器保证了剩磁稳定，断电相位控制器采用的晶闸管技术，可以代替自耦变压器无级调节磁化电流，为磁粉检测设备的电子化和小型化奠定了基础。半自动化检测设备的广泛使用，大大提高了检测的速度和质量。

几十年来，在磁粉检测工作者和设备器材制造者的共同努力下，磁粉检测已经发展成为一种成熟的无损检测方法。随着我国国防实力的逐步提高，对无损检测工作也提出了更高的要求，磁粉检测工作的重要性也日益受到重视，磁粉检测的方法也将日臻完善和拓展。无损检测的人员资格鉴定与认证工作的进一步实施，将大大提高无损检测人员素质，提高检测能力。磁粉检测工作必将出现一个新局面，达到一个新水平，为实现我国国防现代化做出应有的贡献。

任务 2

掌握磁粉检测的原理与特点

一、磁粉检测原理

磁粉检测是基于缺陷漏磁场与磁粉的相互作用原理来指示缺陷的。当铁磁性工件放入磁场中时，工件就被磁化了，磁感线在工件中均匀分布。当工件中存在夹杂、裂纹、气泡等缺陷时，由于缺陷的磁导率远远低于铁磁性工件的磁导率，磁感线不能通过，于是就会在有缺陷的部位发生畸变。尤其是当缺陷位于工件表面或近表面时，由于磁感线变形，会有部分磁感线溢出工件表面产生漏磁场。当在工件表面撒上磁粉或磁悬液时，磁粉就会在缺陷漏磁场的吸引下发生聚集，形成磁粉堆积——磁痕，在适当的光照条件下，观察磁痕的形貌，就可以显示出缺陷的位置和形状，这就是磁粉检测的原理，图 1-3 是磁粉检测原理示意图，图 1-4 是磁粉检测效果图。

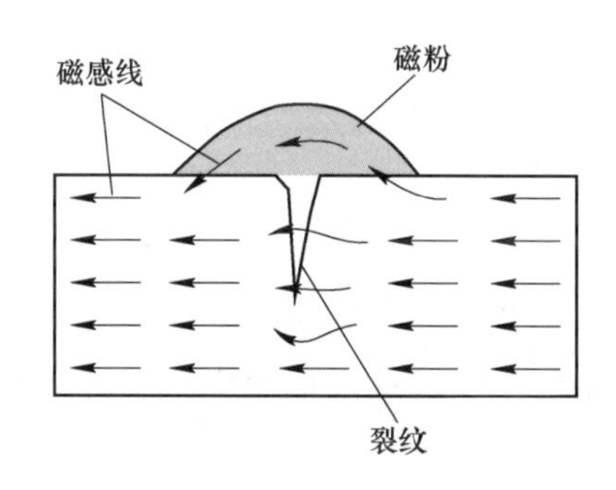

图 1-3　磁粉检测原理示意图

图 1-4　磁粉检测效果图

由磁粉检测的原理可以看出，磁粉检测有三个必要步骤：

①被检验的工件必须得到磁化；

②必须在磁化的工件上施加合适的磁粉；

③对任何磁粉的堆积必须加以观察和解释。

磁粉检测不能用于检查工件埋藏较深的缺陷。因为磁感应线只能在内部缺陷处产生畸变，逸不出工件表面，形成不了漏磁场，更不会吸引磁粉，缺陷也就检测不出来。

另外，磁粉在缺陷漏磁场处堆积形成的磁痕显示是一种放大了的缺陷图像，它比真实缺陷的宽度大数倍到数十倍。磁痕不仅在缺陷处出现，在材料其他不连续处都可能出现。因此，需要具备辨别能力将缺陷和其他不连续处区别开，在后面的项目中我们将会展开学习。

二、磁粉检测的适用范围

由磁粉检测原理可以看出，磁粉检测只能检测铁磁性材料工件的表面和近表面缺陷，具有一定的适用性，具体包括：

1. 适用于检测铁磁性材料（如 30CrMnSiA）工件表面和近表面尺寸很小、间隙极窄（如可检测出长 0.1mm、宽为微米级的裂纹）和目视难以看出的缺陷。马氏体不锈钢和沉淀硬化不锈钢材料（如 1Cr17Ni7）具有磁性，因此可以进行磁粉检测。不适用于非铁磁性材料，如奥氏体不锈钢（如 1Cr18Ni9、0Cr18Ni9Ti）和用奥氏体不锈钢焊条焊接的焊缝，也不适用于检测铜、铝、镁、钛合金等非磁性材料。

2. 适用于检测工件表面和近表面的裂纹、白点、发纹、折叠、疏松、冷隔、气孔和夹杂等缺陷，但不适用于检测工件表面浅而宽的划伤、针孔状缺陷和埋藏较深的内部缺陷。此外，当缺陷的延伸方向与磁感线方向夹角小于 45°时，也不易检出，应采用另一个磁化方向进行检查。

3. 适用于检测未加工的原材料和加工的半成品、成品制件，以及使用过的工件及在役零部件。

4. 适用于检测管材、棒材、板材、型材、锻钢件、铸钢件，以及焊接件等。

三、磁粉检测的特点

磁粉检测作为一项较为成熟的无损检测技术，与其他无损检测方法一样，具有它自身的特点。

（一）磁粉检测的优点

1. 显示直观

由于磁粉直接附着在缺陷位置上形成磁痕，能直观地显示缺陷的形状、位置、大小，可大致判断缺陷的性质。

2. 检测灵敏度高

磁粉在缺陷上聚集形成的磁痕具有“放大”作用，可检测的最小缺陷宽度可达 0.1μm，能发现深度只有 10 多微米的微裂纹。

3. 适应性好

几乎不受工件大小和几何形状的限制，综合采用多种磁化方法，能检测工件的各个部位；采用不同的检测设备，能适应各种场合的现场作业。

4. 效率高、成本低

磁粉检测设备简单，操作方便，检测速度快，费用低廉。

（二）磁粉检测的局限性

1. 只能用于检测铁磁性金属材料（如碳钢、合金结构钢、电工钢等），不适用于非铁磁性金属材料的检测（如铜、铝、镁、钛和奥氏体不锈钢等）。

2. 只能用于检测工件表面和近表面缺陷，不能检出埋藏较深的内部缺陷。当采用交流磁化时，可探测的内部缺陷埋藏深度一般在 1～2mm 范围内；采用直流磁化时，探测深度在 3～4mm；采用低频磁化时，探测深度可达 8mm。

3. 难于定量缺陷的深度。

4. 通常都用目视法检查缺陷，磁痕的判断和解释需要有技术经验和素质。

任务 3

如何成为一名合格的磁粉检测人员

在实际工作当中，航空装备磁粉检测人员必须具备严谨细致的工作作风和扎实的理论基础，并在实践中不断地总结积累经验，按照规定进行培训与考核，取得技术资格证书。各级人员应能严格按照检测工艺从事与自己技术资格等级相应的工作。

一、磁粉检测人员技术资格鉴定和认证工作概况

我国于 20 世纪 50 年代初已开始发展和应用无损检测技术。20 世纪 70 年代前无损检测人员的培训主要通过培训班和现场实习等方式进行，在相当长一段时间内没有正规的培训教材和教学大纲。20 世纪 80 年代初，参照工业先进国家无损检测人员培训和资格鉴定的经验，建立了无损检测人员培训和资格鉴定委员会，制定了关于无损检测技术等级划分和资格鉴定的试行规定。

为使无损检测人员技术资格认证制度进一步规范化、标准化，我国于 1988 年正式颁布了 GB 9445—1988《无损检测人员技术资格鉴定通则》，对无损检测人员的培训和资格鉴定制度的实施起到了积极作用。但与国际标准化的要求相比还存在相当的差距。为了尽快与国际接轨和推进我国无损检测技术的发展，必须进一步加强无损检测人员资格鉴定和认证工作。1999 年国际标准化委员会发布了《ISO 9712 无损检测人员资格鉴定与认证》标准，世界很多国家依据这一标准对本国的无损检测人员进行资格鉴定和认证。2005 年中国无损检测学会等同采用 ISO 9712 标准发布了国家标准 GB/T 9445—2005《无损检测人员资格鉴定与认证》，2008 年 GB/T 9445—2008《无损检测　人员资格鉴定与认证》代替 GB/T 9445—2005《无损检测　人员资格鉴定与认证》，对国内申请无损检测学会资格证书的人员进行资格鉴定和认证。2015 年发布国家标准 GB/T 9445—2015《无损检测　人员资格鉴定与认证》代替了 GB/T 9445—2008。目前国内有不少于 11 个工业部门或行业的无损检测人员认证机构，各自开展人员培训和发证。承担武器装备科研生产任务和装备保障任务的无损检测人员的资格鉴定与认证则主要参考 GJB 9712A—2008《无损检测　人员资格鉴定与认证》标准要求，开展人员培训与认证工作。

无损检测人员认证的国际交流始于 1989 年，那年实现了中、德无损检测人员资格互认。2002 年中国开始在国内报考美国学会的 ASNT 3 级证书，2009 年获得欧盟 EFNDT-MRA 体系互认，2015 年获得国际无损检测专业大会 ICNDT-MRA 体系互认。

二、磁粉检测人员技术资格等级的划分及职责

（一）技术资格等级的划分

磁粉检测人员技术资格分为三个等级：Ⅰ级（初级）、Ⅱ级（中级）和Ⅲ级（高级）。资格鉴定应按照不同的等级分别进行。

（二）各级磁粉检测人员的技术职责

1. Ⅰ级检测人员

Ⅰ级检测人员在Ⅱ级或Ⅲ级人员监督、指导下，根据技术说明书应具有进行无损检测的能力；应能调整和使用仪器设备进行检测工作，记录检测结果；应能根据标准对检测结果进行初步等级评定。

2. Ⅱ级检测人员

Ⅱ级检测人员应能安装和校准仪器、设备；能具体实施无损检测工作；能根据法规、标准和规范解释和评定检测结果；能撰写、签发检测结果报告；能够根据无损检测法规、标准和规程编写适合于具体工作条件的无损检测工艺卡和无损检测规程；熟悉无损检测方法的适用范围和局限性；培训和指导Ⅰ级人员和尚未取证的人员。

3. Ⅲ级检测人员

Ⅲ级检测人员应能够组织实施无损检测的全部技术工作；编写、审核和批准无损检测工艺卡和无损检测规程；解释法规、标准和无损检测规程；确定用于检测任务所适用的检测方法、检测技术和无损检测规程；按照现行有效的法规和标准解释检测结果并进行综合评价；在没有可供采用的验收标准时，协助有关部门制定验收标准；应能培训和指导Ⅲ级以下的人员。

三、报考磁粉检测人员的资格

（一）一般要求

报考人员应具备一定的学历、培训经历和实践经历，以保证他们对磁粉检测方法的原理、技术、工艺能充分地理解和熟练地应用。此外，报考人员的视力应符合要求，且持有低一级的资格证书（报考Ⅰ级的人员除外）。

（二）培训

1. Ⅰ级和Ⅱ级人员的培训。应按照考试委员会公布的培训大纲进行培训。

2. Ⅲ级人员的培训。鉴于Ⅲ级人员资格鉴定的技术要求，对他们培训经历的审查可以采用不同方法。如参加培训班的情况，参加学会或各工业系统学术交流或专题研究的情况，自学各种专业书籍、刊物、技术文献、资料的情况等。

（三）实践经历

报考人员依据 GB 9445—1988《无损检测人员技术资格鉴定通则》的规定，对所鉴定的检测方法的实践经历累计时间，对不同文化程度者有不同的规定时间。

【项目训练】

一、填空题

1. 磁粉检测是利用________来检测工件中缺陷的，它是漏磁检测方法中最常用的一种。

2. 磁粉检测有三个必要步骤：被检验的工件必须得到________；必须在磁化的工件上施加合适的________；对任何磁粉的堆积必须加以________和________。

3. 磁粉检测对________材料工件的________和________具有很高的检测灵敏度。

4. 对铁磁性工件表面和近表面缺陷的检测宜优先选用________。

二、简答题

1. 简述磁粉检测技术原理。

2. 简述磁粉检测技术优点和局限性。

3. 简述Ⅰ级磁粉检测人员的技术职责。

4. 简述Ⅱ级磁粉检测人员的技术职责。

5. 简述Ⅲ级磁粉检测人员的技术职责。

项目二：
学习磁粉检测的物理基础

【项目目标】

➢ 知识目标

1. 知道磁感应强度、磁场强度、磁导率的物理意义；
2. 理解不同典型电流磁场的大小、方向及其在探伤中的应用；
3. 知道磁化曲线、磁滞回线的物理意义；
4. 知道漏磁场的产生原理及影响因素；
5. 知道退磁场的产生原理及影响因素。

➢ 能力目标

能利用磁粉检测相关知识解释磁粉检测的原理，为磁粉检测方法的实际应用奠定理论基础。

【项目描述】

磁场的产生是进行磁粉检测的先决条件，不同材料的磁特性大不相同，日常工作中什么材料能进行磁粉检测？磁场又是如何形成的？漏磁场和退磁场在磁粉检测中扮演着怎样的角色？通过本项目的学习大家将进一步了解磁粉检测技术。

【项目实施】

任务 1
认识磁现象和磁场

一、基本磁现象

中国是世界上最早发现磁现象的国家，早在春秋战国时期就有磁铁的记载。《管子》中就有“上有慈石者，其下有铜金”的记载，这是关于磁的最早记载。其后《吕氏春秋·季秋纪·精通》也有记载“慈（磁）石召铁，或引之也”。我国劳动人民很早就发现磁石吸引铁的现象。磁铁具有吸引铁屑等磁性物体的性质叫作磁性。凡能够吸引其他铁磁性材料的物体叫作磁体，磁体是能够建立或有能力建立外加磁场的物体，如永磁体、电磁体及超导磁体等。

将一根条形磁铁放在铁粉堆里再取出来，可以看到靠近它两端的地方吸引铁粉最多，其他地方很少或没有，如图 1-5 所示。磁铁上吸附磁粉最多的区域磁性最强，称为磁极。

磁极具有方向性。将一根能绕轴旋转的条形小磁铁放在空间中，它的两个磁极将指向地球的南北方向。指北的一端叫作北极，用 N 表示；指南的一端叫作南极，用 S 表示。小磁铁指向地球南北方向的原因，是地球本身就具有磁性，它是一个大磁体。

每个磁体上的磁极总是成对出现的，在自然界中没有单独的 N 极或 S 极存在。如果把条形磁铁分成几个部分，每一部分仍有相应的 S 极和 N 极，如图 1-6 所示。即使把磁铁捣成粉末，S 极和 N 极仍在每个颗粒上成对出现。

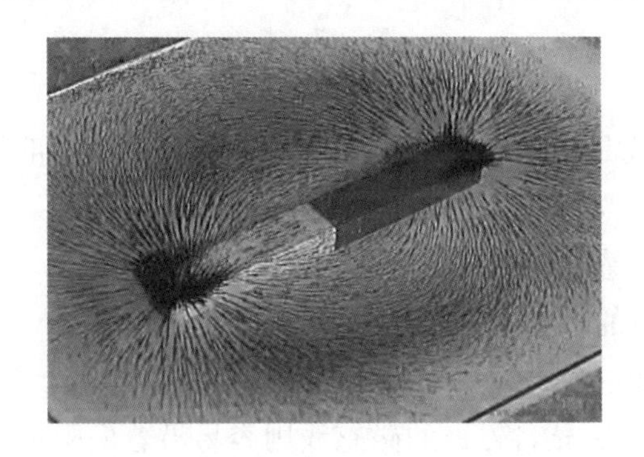

图 1-5　条形磁铁周围的磁场

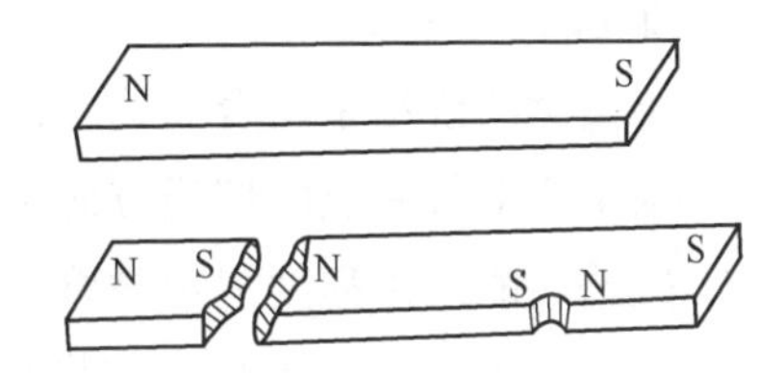

图 1-6　折断的条形磁铁形成新的磁极

磁铁之间所具有的相互作用力叫作磁力。极性相同的磁极互相排斥；极性相反的磁极彼此间互相吸引。磁力的大小和方向是可以测定的。同一个磁体的两个磁极磁力大小相等，但方向相反。

把一个磁体靠近原来不具有磁性的铁磁性物体，该物体不仅被磁体吸引，而且自己也具有了吸引其他铁磁性物质的性质，即有了磁性。这种使原来不具有磁性的物体得到磁性的过程叫作磁化。铁、钴、镍及其大多数合金磁化现象特别显著。一些物体在磁化的磁体撤离后仍保持有相当的磁性，这种磁性叫剩磁。具有剩磁的磁体也就成为一个新的磁体。

不仅磁铁具有磁性，电流也可以对铁、钴、镍及其合金产生吸引和磁化。就是说电流也同样具有磁性。

二、磁场与磁感线

（一）磁场

磁场是一种看不见、摸不着，但却客观存在的特殊的场。磁体周围存在磁场，磁体间的相互作用就是以磁场作为媒介来传递的。磁场存在于电流、运动电荷、磁体或变化电场周围空间。由于磁体的磁性来源于电流，电流是电荷的运动，因而概括地说，磁场是由运动电荷或电场的变化而产生的。

磁场有大小和方向。小磁针在磁场中某点静止时，N 极的指向即为该点磁场的方向；利用磁感线可以形象地描述磁场的分布，磁感线的疏密反映磁场的强弱。

（二）磁感线

为了形象地表示磁场的强弱、方向和分布的情况，可以在磁场内画出若干条假想的、不相交的闭合连续曲线。曲线的疏密程度表示了磁场的强弱，曲线上任一点的切线方向都表示了该点的磁场方向。这些假想的曲线叫作磁感线。图 1-7 表示了条形磁铁的磁感线分布。从图中可以看出，在条形磁铁两极处磁感线紧密相聚，而在远离磁极的中间部位则较稀疏。这说明两极的磁性很强，离磁极较远的地方则较弱。

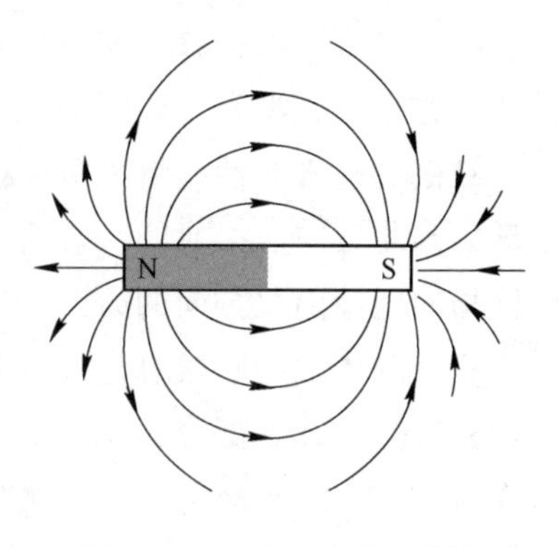

图 1-7　条形磁铁的磁感线

磁感线具有以下特征：

1. 磁感线是闭合曲线，磁铁外部的磁感线是从 N 极出来，回到磁铁的 S 极，内部是从 S 极到 N 极；

2. 每条磁感线都是闭合曲线，任意两条磁感线不相交；

3. 磁感线上每一点的切线方向都表示该点的磁场方向；

4. 磁感线的疏密程度表示磁感应强度的大小；

5. 同名磁极的磁感线有互相排斥的倾向，而异名磁极的磁感线则容易沿着磁阻最小的路径通过，其密度随着距两极的距离增大而减小。

（三）周向磁化磁场

将一根条形磁铁棒做成 U 形（马蹄形），磁极仍然存在，但磁场和磁感线比条形磁铁更集中，磁性更强，如图 1-8（a）所示。如果磁铁棒做成一个没有间隙的封闭铁环，磁场就全部地包含在铁环之中，如图 1-8（b）所示。此时，磁铁内既无磁极又不产生漏磁场，因此不能吸引磁粉，但是在磁体内部包容了一个圆周磁场或已经被周向磁化了。

如果已经被周向磁化的零件存在与磁感线垂直的裂纹，则在裂纹两侧就会产生 N 极和 S 极，形成漏磁场，吸附磁粉形成磁痕，显示出裂纹缺陷，有裂纹处漏磁场分布及磁痕显示如图 1-8（c）所示。

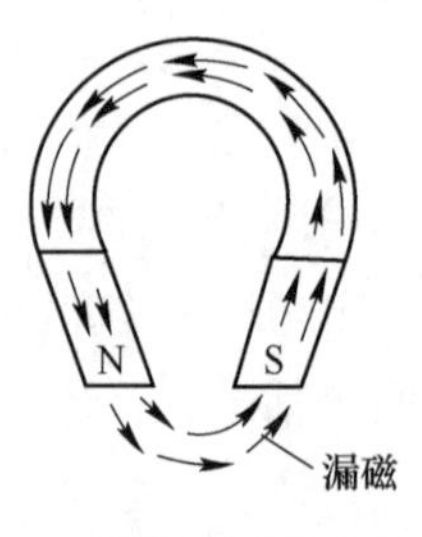

(a) U形磁铁磁感线分布

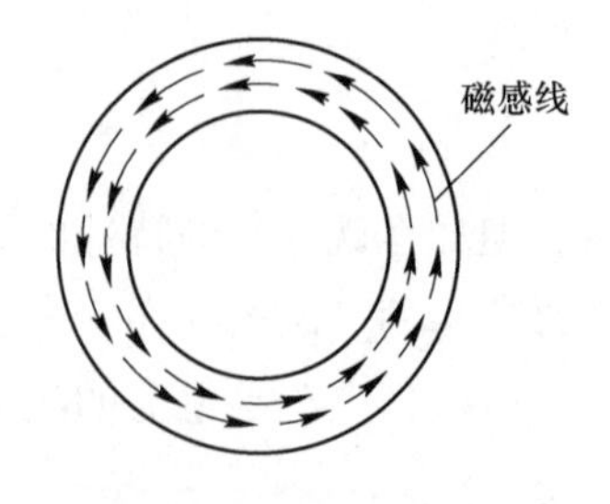

(b) 环形磁铁的磁感线分布

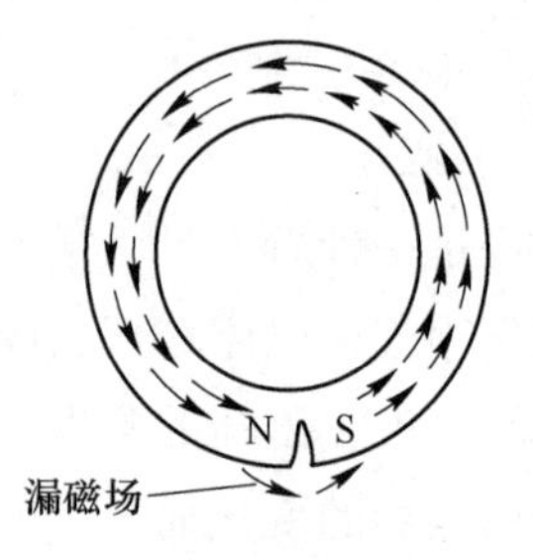

(c) 有裂纹处漏磁场分布

图 1-8　U 形磁铁描述周向磁场

(四) 纵向磁化磁场

把条形磁铁视为一个被纵向磁化的工件。如果磁感线被不连续性缺陷或裂纹阻断而在其两侧形成N极和S极，则会产生漏磁场，如图1-9所示，吸附磁粉形成磁痕，从而显示出不连续性缺陷或裂纹，这就是磁粉检测的基础。

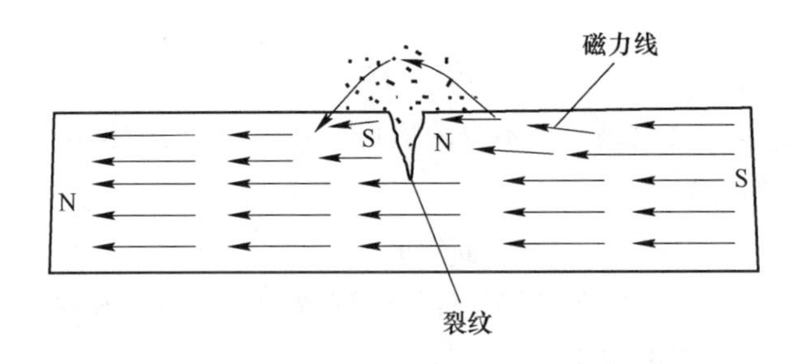

图1-9 条形磁铁描述纵向磁场

三、磁场中的几个基本物理量

(一) 磁感应强度

电流（运动电荷）的周围存在磁场，人们利用磁感应强度 B 来定量描述感应磁场的特性。磁感应强度是一个矢量，即具有方向和大小。在国际单位制中，磁感应强度的单位为特斯拉（T）。

$$1\text{特斯拉}(T)=1\text{牛顿}/\text{安培}\cdot\text{米}(N/(A\cdot m))=1\text{韦伯}/\text{米}^2(Wb/m^2)$$

在高斯单位制中，磁感应强度单位为高斯（Gs）。T和Gs之间的关系为

$$1T=10^4Gs$$

不同物质在磁场中磁化的情况是不一样的，所得到的磁感应强度也不相同。可以用磁感线来描绘磁场的分布。

(二) 磁通量

磁通量就是磁感应通量。为了使磁感线能定量地表示物质中的磁场，人们规定，垂直通过磁场中某一截面的磁感线数叫作通过此截面的磁通量，简称磁通，用符号 Φ 表示。磁通量的单位为韦伯（Wb）。

(三) 磁场强度

同磁感应强度一样，磁场强度也是一个用来描述磁场的物理量。磁场强度用 H 表示，它是由导体中的电流或永磁体产生的，有大小和方向。它与磁感应强度的区别在于，它不考虑磁场中物质对磁场的影响，与磁化物质的特性无关。

磁场强度 H 的单位是用稳定电流在空间产生磁场的大小来规定的，国际单位制中磁场强度的单位为安培/米（A/m）。

在高斯单位制中磁场强度单位是奥斯特，符号为Oe。两种单位制间的换算为

$$1Oe=10^3/(4\pi)A/m=79.577A/m\approx 80A/m$$

磁场强度 H 和磁感应强度 B 都是描述磁场的重要物理量。

（四）磁导率

磁导率又称为导磁系数，它表示了材料磁化的难易程度，用符号 μ 表示，单位为亨/米（H/m）。磁导率是物质磁化时磁感应强度与磁场强度的比值，反映了物质被磁化的能力。用公式表达为

$$\mu = \frac{B}{H} \tag{1-1}$$

真空中的磁导率用 μ_0 表示，它是一个不变的恒量，$\mu_0 = 4\pi \times 10^{-7}$ H/m。

一般将 μ 称为绝对磁导率

$$\mu = \mu_0 \mu_r \tag{1-2}$$

μ_r 称为相对磁导率，它是一个纯数。在高斯单位制中，因为真空中的 μ_r 等于 1，所以磁感应强度与磁场强度的大小是相同的。

由于空气中的 μ 值接近于 μ_0，在磁粉检测中，通常将空气中的磁场值看成是真空中的磁场值，其 μ_r 也等于 1。其他物质的磁导率与真空磁导率比较的值为相对磁导率，也是一个纯数。

在磁粉探伤中，还经常用到材料磁导率、最大磁导率、有效磁导率等概念。它们的意义如下。

1. 材料磁导率：在磁路完全处于材料内部情况下所测得的 μ 值，常用于周向磁化。

2. 最大磁导率：由于铁磁材料的磁导率是随外加磁场变化的量，从变化曲线中所获得的磁导率最大值叫作最大磁导率，用 μ_m 表示。通常出现在磁化曲线拐点附近，可以通过查磁特性曲线手册或对材料进行磁测量获得。

3. 有效磁导率：又叫作表现磁导率，它是指磁化时零件上的磁感应强度与外加磁化磁场强度的比值。它不完全由材料的性质所决定。在很大程度上与零件形状有关，对零件在线圈中纵向磁化极为重要。

四、电流的磁场

1820 年，丹麦科学家奥斯特通过试验证明，有电流通过的导体内部及其周围都存在着磁场，这种现象叫作电流的磁效应。

（一）通电圆柱导体的磁场

1. 磁场的方向

当电流通过圆柱导体时，产生的磁场是以导体中心轴线为圆心的同心圆，磁场方向由右手螺旋定则确定，如图 1-10 所示。

2. 磁场的大小

通电圆柱导体表面及其周围的磁场强度大小为

$$H = \frac{I}{2\pi r}(r \geqslant R) \tag{1-3}$$

式中：H——磁场强度，A/m；

I——电流强度，A；

r——到圆柱导体中心轴线的距离，m；

R——圆柱导体半径，m。

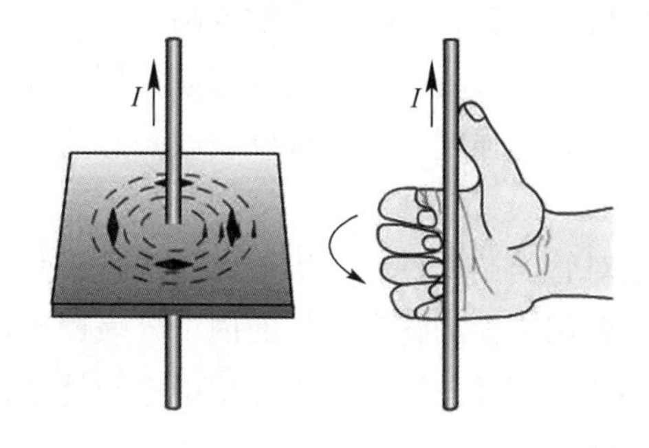

图 1-10　通电圆柱导体的磁场

3. 应用

（1）直接通电法磁化

对待检铁磁性棒体直接通以交流电或直流电，可以检查被检件外表面的纵向缺陷。被检件磁场强度分布如图 1-11（a）所示，磁感应强度分布如图 1-11（b）所示，其共同点是：

①在被检件中心处，磁场强度为零；

②在被检件表面，磁场强度达到最大；

③离开被检件表面，磁场强度随 r 的增大而下降；

④由于被检件的磁导率高，而 $B=\mu H$，所以 B 远大于 H。

不同点是：直流电磁化，从被检件中心到表面，磁场强度是直线上升到最大值；交流电磁化，由于趋肤效应，只有在被检件近表面才有磁场强度，并缓慢上升，而在接近被检件表面时，迅速上升到最大值。

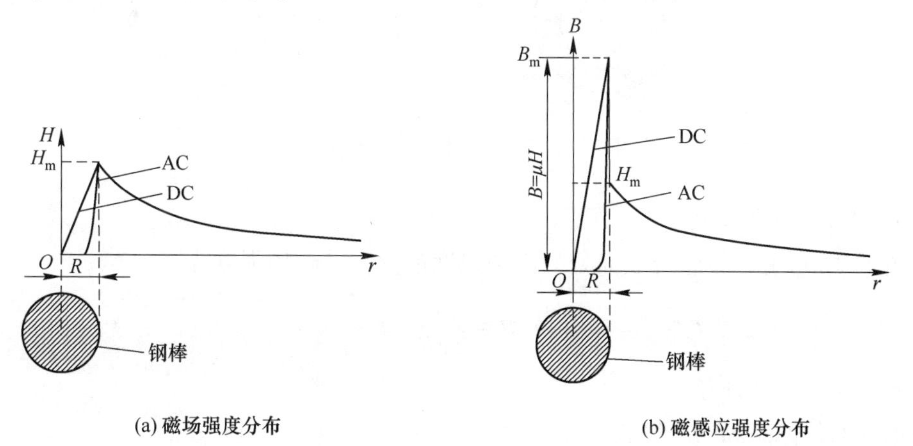

图 1-11　被检件直接通电磁化

(2) 中心导体法磁化

用铜棒作为导体棒，采用直流电中心导体法磁化管类被检件或环形被检件时，被检件内壁较外壁磁场强度和磁感应强度都大，探伤灵敏度高。

采用交流电中心导体法磁化钢管时，由于电磁感应作用，在被检件内表面会产生很大的涡电流，从而产生较大的磁感应强度，而钢管外表面磁感应强度较小，容易造成缺陷的漏检。

因此，采用中心导体法对管类被检件或环形被检件进行磁化时，一般推荐采用直流电或三相全波整流电。该法主要用来检测管类工件的内、外表面与电流平行的纵向缺陷和端面径向缺陷，以及环形工件的端面径向缺陷。当使用中心导体法时，若电流不能满足检测要求，则可以采用偏置芯棒法。

(二) 通电钢管的磁场

1. 磁场的方向

同通电圆柱导体的磁场一样，用右手螺旋定则来确定。

2. 磁场的大小

(1) 钢管内部空心部分

钢管通直流电磁化的磁场强度分布如图 1-12 所示。钢管内部空心部分（含内表面）不包括任何电流，所以其磁场强度为零。

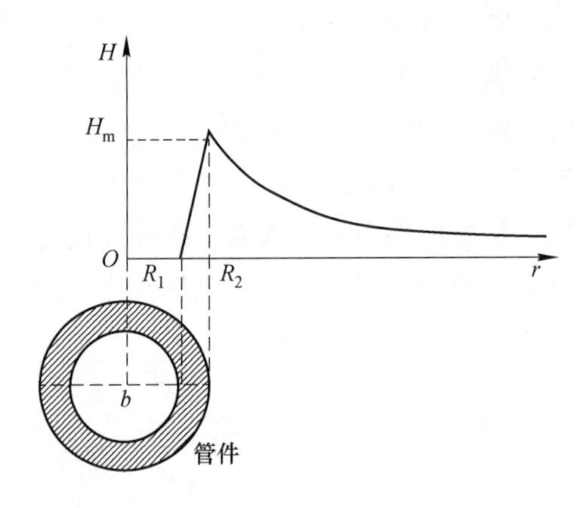

图 1-12 通电钢管的磁场强度分布

(2) 钢管外表面及其外部

由图 1-12 可见，钢管外表面处的磁场强度最大，其磁场强度为

$$H = \frac{I}{2\pi R_2} \tag{1-4}$$

式中：R_2——钢管的外径。

而钢管的外部磁场大小则为

$$H = \frac{I}{2\pi r}(r \geqslant R_2) \tag{1-5}$$

由此可见，钢管直接通电法磁化时，由于其内部磁场强度为零，所以不能用直接通电法磁化来检测内表面缺陷。

(三) 通电线圈的磁场

1. 磁场的方向

在线圈中通以电流时，线圈内产生的磁场是与线圈轴线平行的纵向磁场，其方向用右手螺旋定则来确定，如图 1-13 所示。

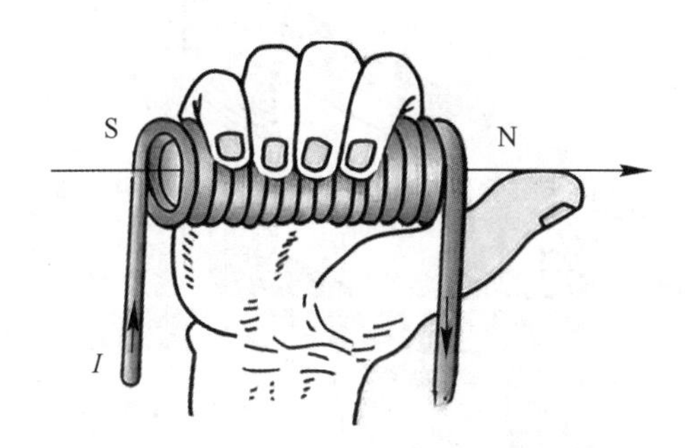

图 1-13　通电线圈产生的磁场方向

2. 磁场的大小

空载通电线圈中心的磁场强度大小为

$$H = \frac{NI}{\sqrt{L^2 + D^2}} \tag{1-6}$$

式中：H——磁场强度，A/m；

I——电流强度，A；

N——线圈匝数；

L——线圈长度，m；

D——线圈直径，m。

3. 应用

(1) 开路磁化

把需要磁化的工件放在线圈中进行磁化或对大型工件进行绕电缆磁化，称为线圈法开路磁化，适合检测工件的横向缺陷。线圈法磁化的磁化能力一般用安匝数 (NI) 表示。线圈法磁化工件时，由于在工件两端产生磁极，因而会产生与磁化场相反方向的退磁场。

(2) 闭路磁化

把线圈绕在铁芯上构成电磁轭对工件进行磁化，称为磁轭法闭路磁化。磁轭法磁化时，通常用通电磁轭在最大极距下，其磁感应强度峰值时的磁轭吸引力，即提升力来衡量磁化能力。磁轭法磁化工件不产生磁极，因而不会产生退磁场的影响。

（四）感应电流的磁场

感应电流和感应磁场的产生如图 1-14 所示。将铁芯插入环形工件中，把工件当作变压器的磁极线圈。当线圈中通以交流电时，由于电磁感应的作用，因而在工件中就产生了周向感应电流。该感应电流在工件中又产生磁场，称为感应磁场。

感应电流法主要适用于环形工件中的磁化，用于发现工件中的周向缺陷。

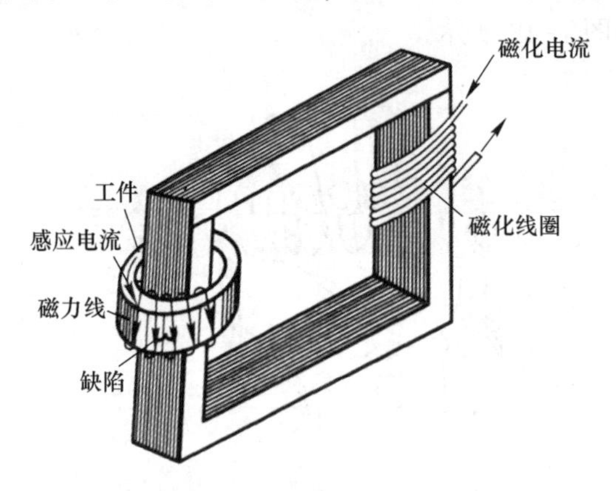

图 1-14　感应电流和感应磁场的产生

任务 2
认识材料的磁特性

不同的材料具有不同的磁特性。所有材料按磁性不同可分为三类。

1. 抗磁性材料：抗磁性材料为此物质的磁导率略小于真空磁导率 μ_0。将此种材料放在强磁场中，其感应磁场方向与磁铁的相反。抗磁性材料有汞、金、铋和锌等。

2. 顺磁性材料：顺磁性材料为此物质的磁导率略大于真空磁导率 μ_0。将此种材料放在强磁场中，其感应磁场方向与磁铁的相同。顺磁性材料有铝、铂、镁和木材等。

3. 铁磁性材料：铁磁性物质的磁导率远远大于真空磁导率 μ_0，是真空磁导率的几百倍甚至几万倍。铁磁性材料有铁、钴、镍等。

磁粉检测的对象就是铁磁性材料。下面主要对铁磁性材料进行论述。

一、初始磁化曲线

初始磁化曲线是表征铁磁性材料磁特性的曲线，图 1-15 所示是铁磁性物质的典型初始磁化曲线，它反映了铁磁性物质的共同磁化特点。

铁磁性材料的磁化曲线反映出磁化过程的五个阶段：

1. “Op”段——初始磁化阶段

在该阶段，铁磁性工件中的磁感应强度 B 随着外加磁场强度 H 的增加而缓慢增大，且磁化是可逆的，即磁化到 p 点，如果磁化场 H 又逐渐减小到零，则工件中的磁感应强度沿 Op 曲线缓慢减小到零。

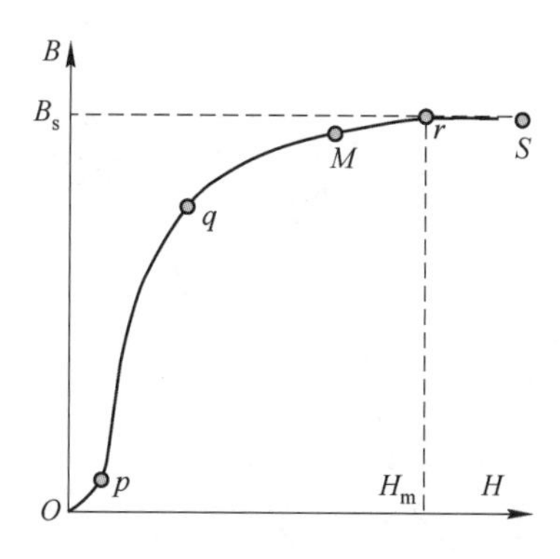

图 1-15　初始磁化曲线

2. “*pq*”段——急剧磁化阶段

在该阶段，工件中的磁感应强度 *B* 随着外加磁场强度 *H* 的增加而急剧增大，此时若去掉磁化场，磁感应强度不再回到零点，而保留相当大的剩磁。

3. “*qM*”段——缓慢磁化阶段

在该阶段，工件中的磁感应强度 *B* 随着外加磁场强度 *H* 的增加而缓慢增大，此时磁化仍为不可逆，工件保留有相当大的剩磁。

4. “*Mr*”段——近饱和磁化阶段

在该阶段，随着外加磁场强度 *H* 的增加，工件中的磁感应强度 *B* 变化很小。

5. “*rS*”段——饱和磁化阶段

在该阶段，工件中的磁感应强度 *B* 不再随着外加磁场强度 *H* 的增加而发生变化，工件已经到达磁饱和状态。

不同铁磁性材料的初始磁化曲线是不一样的。软磁性材料的磁化曲线比较陡峭，说明这种材料易于磁化；硬磁性材料的磁化曲线比较平坦，说明这种材料不易磁化。

二、磁滞回线

描述磁滞现象的闭合磁化曲线叫作磁滞回线，如图 1-16 所示。将铁磁性材料达到磁饱和点 *r* 处的 *B* 值叫作饱和磁感应强度 B_s，然后将 *H* 值减小，*B* 值由 *r* 点下降，但并不沿原来上升的曲线，而是沿曲线 *rb* 下降返回，当 *H* 值减小到零时，*B* 值仍具有 *Ob* 的数值，即为剩余磁感应强度 B_r。若要使磁感应强度 *B* 减小到零，必须加一个反向磁场 H_c，H_c 称为矫顽力。若在反方向磁场上继续增加磁场强度 *H*，也会使 *B* 值在反方向上达到饱和（*d* 点）。再将 *H* 值沿正方向增加，则 *B* 值就沿 $d \to e \to f \to r$ 返回 *r* 点，形成一个闭合的磁化曲线，也就是磁滞回线。

由磁滞回线上 *H* 与 *B* 的变化关系可以看出，磁感应强度 *B* 的变化总是滞后于磁场强度 *H* 的变化，这称为磁滞现象。

三、铁磁材料的分类

材料不同则磁滞回线、磁特性也不相同。通常铁磁性材料，按其磁特性的不同，可以分为软磁性材料和硬磁性材料两大类。

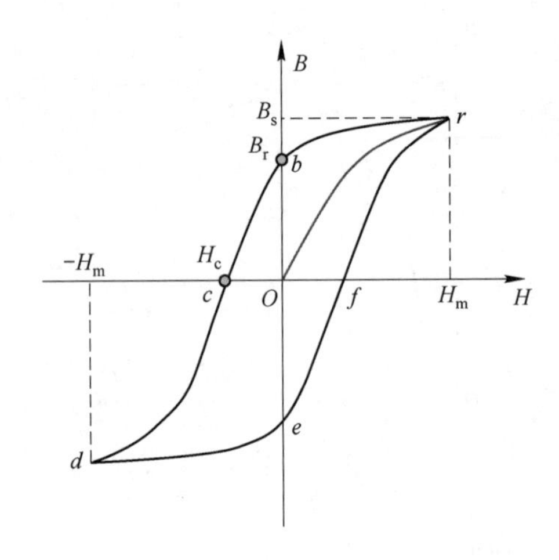

图 1-16 磁滞回线

（一）软磁性材料

软磁性材料的矫顽力很小，最大剩磁很小，即磁滞回线很狭窄的材料称为软磁性材料，如图 1-17（a）所示。软磁性材料具有高磁导率、低磁阻、低剩磁和低矫顽力等特点。

常见的软磁性材料有纯铁、低碳钢、低合金钢，以及退火状态下的中碳钢等。对于软磁性材料，磁粉探伤时，只能采用连续法（外磁场作用的同时对工件施加磁粉或磁悬液）进行检测，磁化规范要求比硬磁性材料要低，而且在没有特殊要求的情况下，探伤后可不进行退磁。

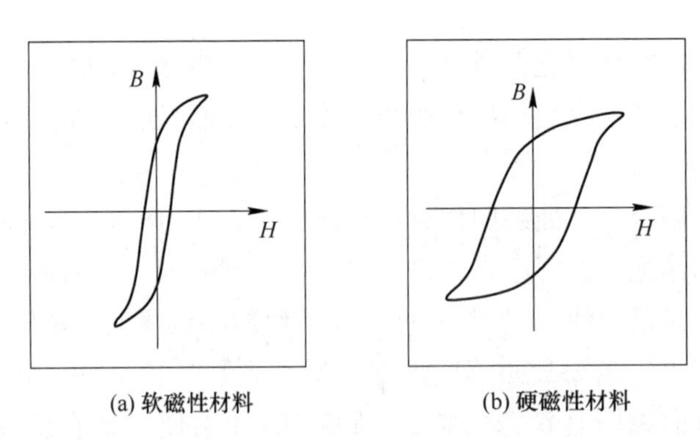

(a) 软磁性材料　　(b) 硬磁性材料

图 1-17 软磁性材料与硬磁性材料磁滞回线形状

（二）硬磁性材料

硬磁性材料具有较高的矫顽力，最大剩磁很大，即磁滞回线形状肥而宽的材料称为硬磁性材料，如图 1-17（b）所示。硬磁性材料具有低磁导率、高磁阻、高剩磁和高矫顽力等特点。通常见到的永久磁体是用硬磁性材料制成的。

常见的硬磁性材料有铬钢、合金钢、铝镍铁合金，以及经过淬火热处理从而获得较高剩磁强度和矫顽力的某些结构钢、合金钢和中碳钢等。对硬磁性材料进行磁粉探伤时，既可以采用连续法也可以采用剩磁法（切断外加磁化场后再对工件施加磁粉或磁悬液进行检查）进行检测，但磁化规范要求较高，而且探伤后剩磁也较大，必须进行退磁处理。

任务 3

认识漏磁场

一、漏磁场的形成

所谓漏磁场，就是铁磁性材料磁化后，在材料的不连续处或磁路的截面变化处，磁感线离开和进入材料表面时形成的磁场，如图 1-18 所示。

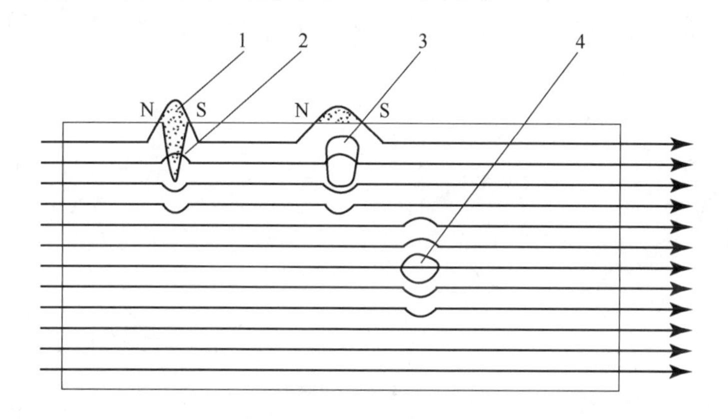

1—漏磁场；2—裂纹；3—近表面气孔；4—内部气孔

图 1-18　漏磁场的形成

漏磁场形成的原因是由于空气的磁导率远远低于铁磁性材料的磁导率。如果在磁化了的铁磁性工件上存在着不连续处或裂纹，则感应线优先通过磁导率高的工件，这就迫使一部分磁感线从缺陷下面绕过，形成磁感线的压缩。但是，工件上这部分可容纳的磁感线数量有限，又由于同名磁感应相互排斥，所以，一部分磁感线从不连续穿过，另一部分则从工件表面进入空气中绕过缺陷又进入工件，形成了漏磁场。由于工件中的缺陷一般相对都较小，因此漏磁场通常很小，但足以吸引微细的铁磁粉末以显示它的存在。

另外在工件加工时也可能有产生漏磁场的因素。一些工件由于使用的需要，往往人为地制作一些阶梯或槽孔或不同磁导率材料的界面，这些不同界面破坏了金属材料的连续性，在受到磁化时，由于磁导率的不同而产生漏磁场，这些漏磁场在磁粉检测时有时可能混淆缺陷的漏磁场，探伤时需要加以区分。

二、缺陷处的漏磁场分布

铁磁性材料制成的工件磁化后，磁感应线将沿着工件构成的磁路通过。如果工件上出现了材料的不连续性，即工件表面及其附近出现缺陷或其他异质界面，这时材料的不连续性将引起磁场的畸变，并在不连续处产生磁极。

以一个表面上有裂纹并已磁化的工件为例，假设磁化的方向与裂纹垂直。由于裂纹中的物质是空气，与工件的磁导率相差很大，磁感应线将因磁阻的增加而产生畸变。大部分磁感应线从缺陷下部工件材料中通过，形成了磁感应线被“压缩”的现象，少部分磁感应线直接从工件缺陷中通过；另有一部分磁感应线折射后从缺陷上方的空气中逸出，通过裂纹上面的空气层再进入工件中，形成漏磁场，而裂纹两端磁感应线进出的地方则形成了缺陷的漏磁极。

缺陷漏磁场的强度和方向是一个随材料磁特性及磁化场强度变化的量。缺陷处的漏磁通密度可以分解为水平分量 B_x 和垂直分量 B_y。水平分量与钢材表面平行，垂直分量与钢材表面垂直。图 1-19 表示了缺陷处的漏磁场。从图中可以看出：垂直分量在缺陷与工件交界面最大，是一个过中心点的曲线，中心点两侧磁场方向相反；水平分量在缺陷界面中心最大，并左右对称。如果两个分量合成，就形成了缺陷处漏磁场的分布。

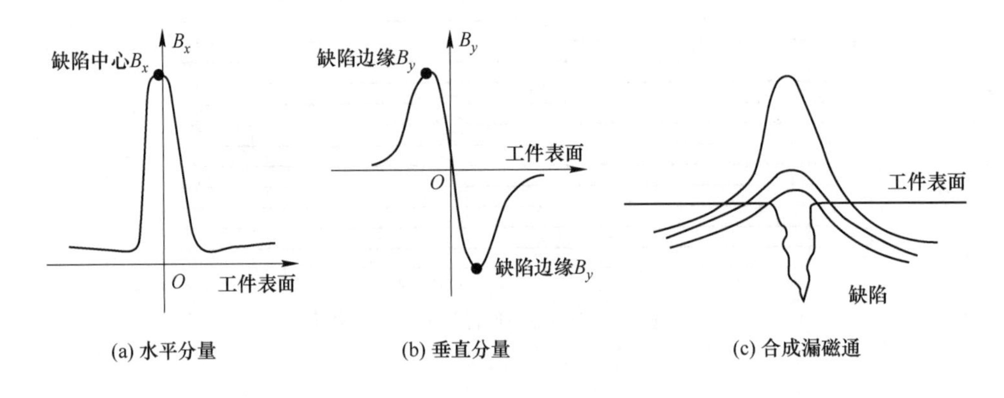

图 1-19　缺陷处的漏磁场分布

三、影响缺陷漏磁场的因素

漏磁场的大小，对检测缺陷的灵敏度至关重要。然而，由于真实的缺陷具有复杂的几何形状，计算其漏磁场是困难的。但这并不是说漏磁场是不可以认识的。我们可以对影响缺陷漏磁场的一般规律进行探讨。影响缺陷漏磁场的主要因素如下。

（一）外加磁化场的影响

缺陷的漏磁场大小与工件磁化程度有关，从铁磁性工件的磁化曲线中可知，外加磁场的大小和方向直接影响磁感应强度的变化。一般来说，外加磁场强度一定要大于 H_{μ_m}，即选择在产生最大磁导率 μ_m 对应的 H_{μ_m} 点右侧的磁场强度值（见图 1-20），此时磁导率减小，磁阻增大，漏磁场增大。当铁磁性材料的磁感应强度达到饱和值的 80%左右时，漏磁场便会迅速增大。

（二）缺陷位置及形状的影响

铁磁性材料表面和近表面的缺陷都会产生漏磁场。同样的缺陷在不同的位置及不同形状的缺陷在相同磁化条件下漏磁场的反应是不同的。

1. 缺陷埋藏深度的影响

表面缺陷产生的漏磁场较大，表面下的缺陷（近表面缺陷）漏磁场较小，埋藏深度过深时，被弯曲的磁感应线难以逸出表面，很难形成漏磁场。缺陷埋藏深度对漏磁场的影响如图 1-21 所示。

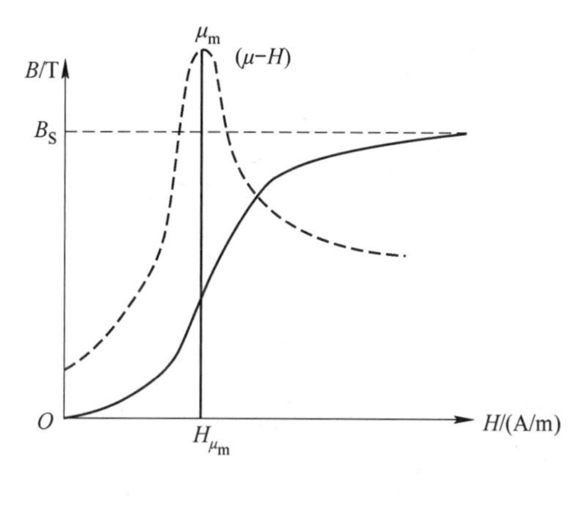

图 1-20　B-H 曲线

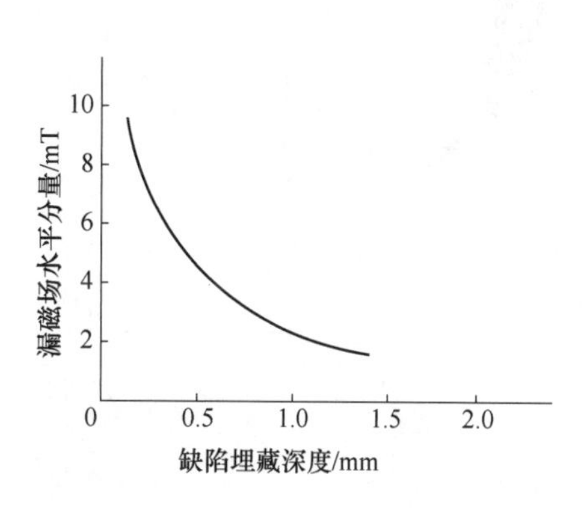

图 1-21　缺陷埋藏深度对漏磁场的影响

2. 缺陷方向的影响

缺陷方向同样对漏磁场大小有影响。如图 1-22 所示，当缺陷倾角方向与磁化场方向垂直时，缺陷漏磁场最大，也是最有利于缺陷检出的，灵敏度最高，随着夹角由 90°减小，灵敏度下降；当缺陷与磁场方向平行或夹角小于 30°时，则几乎不产生漏磁场，不能检出缺陷。

3. 缺陷深宽比的影响

同样宽度的表面缺陷，如果深度不同，产生的漏磁场也不一样。在一定范围内，缺陷深度与漏磁场增加成正比关系。同样深度缺陷，缺陷宽度较小时，则漏磁场易于表现。缺陷深度与宽度之比值（深宽比）是影响漏磁场的重要因素。深宽比越大，漏磁场也越强，缺陷也越易被发现。若宽度过大时，漏磁通反而会有所减小，并且在缺陷两侧各出现一条磁痕。一般要求缺陷深宽比应大于 5。表面下的缺陷也是一样，气孔比横向裂纹产生的漏磁场小。球孔、柱孔、链孔等形状都不利于产生大的漏磁场。

（三）工件表面覆盖层的影响

工件表面覆盖层会导致漏磁场在表面上的减小，影响磁痕显示，图 1-23 为漆层厚度对漏磁场的影响。同样一个缺陷，没有覆盖层时，磁痕显示浓密清晰；有较薄覆盖层时，有磁痕显示但不清晰；覆盖层较厚时，由于漏磁场不能泄漏到覆盖层上面，所以不能吸附磁粉，没有磁痕显示，磁粉检测就会漏检。因此，在实际检测中，需要对检测工件进行去漆处理。

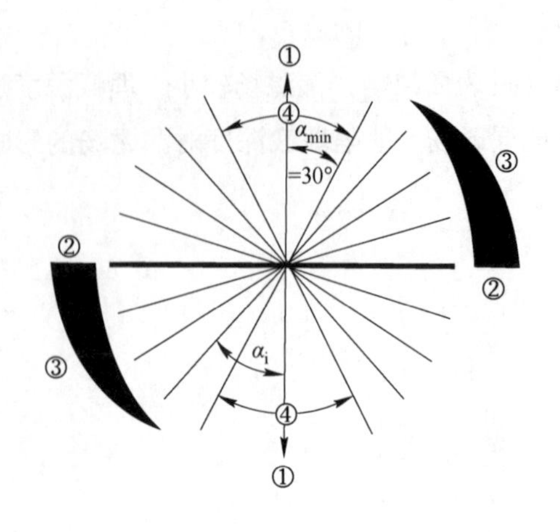

图 1-22 显示缺陷方向示意图

①—磁场方向；②—最佳灵敏度；③—灵敏度减小；

④—灵敏度不足；α—磁场和缺陷间夹角

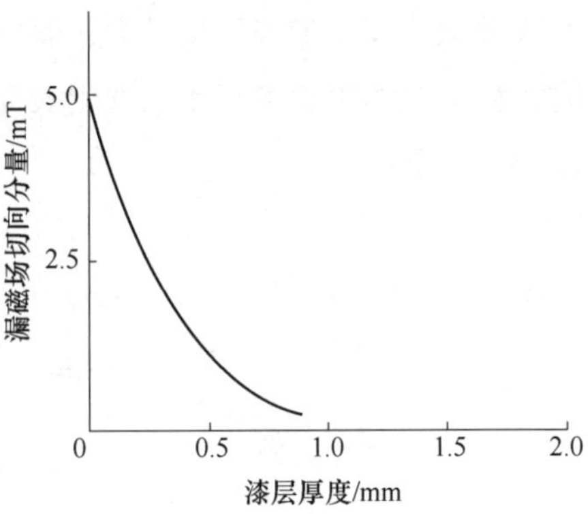

漏磁场切向分量/mT

5.0

2.5

0 0.5 1.0 1.5 2.0

漆层厚度/mm

图 1-23 漆层厚度对漏磁场的影响

（四）磁化电流类型的影响

不同种类的电流对工件磁化的效果不同。交流电磁化时，由于趋肤效应的影响，表面磁场最大，表面缺陷反应灵敏，但随着表面向里延伸，漏磁场显著减弱。直流电磁化时，渗透深度最深，能发现一些埋藏较深的缺陷。因此，对表面下的缺陷，直流电产生的漏磁场比交流电产生的漏磁场要大。

（五）工件材料及状态的影响

不同钢铁材料的磁性是不同的。铁素体和马氏体呈铁磁性，渗碳体呈弱磁性，珠光体具有一定磁性，奥氏体不呈现磁性。

1. 晶粒大小的影响

晶粒越大，磁导率越大，矫顽力越小，漏磁场就越小；相反，晶粒越小，磁导率越小，矫顽力越大，漏磁场也越大。

2. 含碳量的影响

对碳钢来讲，在热处理接近时，对磁性影响最大的合金成分是碳，随着含碳量的增加，矫顽力几乎成线性增加，相对磁导率则随着含碳量的增加而下降，漏磁场也增大，含碳量对钢材磁性的影响见表 1-1。

表 1-1 含碳量对钢材磁性的影响

钢牌号	含碳量/%	热处理状态	矫顽力/（A/m）	磁导率/（H/m）
40	0.4	正火	584	620
D-60	0.6	正火	640	522
T10A	1	正火	1040	439

任务 4

认识退磁场

一、退磁场

将直径相同、长度不同的几根铁磁性圆棒，放在同一螺管线圈中用相同磁场强度进行磁化。可以发现，较长圆棒比较短圆棒容易被磁化。这是因为圆棒在外加磁场中磁化时，在它的端头产生了磁极，这些磁极形成了磁场，其方向与外加磁场 $\boldsymbol{H}_0$ 相反，因而削弱了外加磁场 $\boldsymbol{H}_0$ 对圆棒的磁化作用。所以磁化铁磁性材料时，由材料中磁极所产生的磁场称为退磁场，也称为反磁场，用符号 $\Delta\boldsymbol{H}$ 表示，如图 1-24 所示。退磁场对外加磁场有削弱作用。

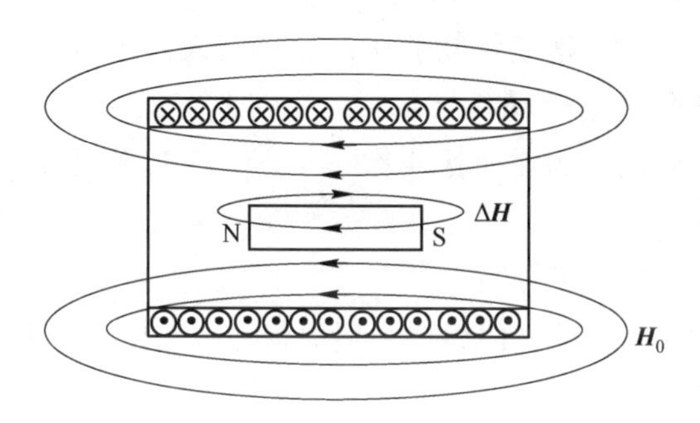

图 1-24　退磁场

铁磁性材料磁化时，只要在工件上产生磁极，就会产生退磁场，退磁场削弱了外加磁场。而且，退磁场越大，铁磁性材料越不容易磁化，退磁场总是阻碍工件的磁化，使工件中的磁感应强度 B 减小，直接影响缺陷的漏磁场形成。

为了克服退磁场对工件磁化的影响，磁化时应适当增大磁化磁场的数值或改变工件的形状以适应工件检测的需要。

二、退磁场的影响因素

退磁场使工件上的有效磁场减小，同样也使磁感应强度减小，直接影响工件的磁化效果。为了保证工件的磁化效果，必须研究影响退磁场大小的因素，克服退磁场的影响。

1. 退磁场大小与外加磁场强度大小有关

外加磁场强度越大，工件磁化效果越好，产生的 N 极和 S 极磁场越强，因而退磁场也越大。

2. 退磁场大小与工件长径比 L/D 值有关

工件 L/D 值越大，退磁场越小。将两根长度相同而直径不同的铁磁性圆棒分别放在同一线圈中，用相同的磁场强度磁化时，L/D 值大的圆棒表面磁场强度大，退磁场小。

计算 L/D 时，对于实心工件，若为圆柱形工件，D 为圆柱形的外直径。若为非圆柱形工件，D 为横截面最大尺寸。

相同外直径的钢管和钢棒，若两者的 L/D 相同，则钢管的退磁场比钢棒的退磁场小。

3. 磁化同一工件时，交流电比直流电产生的退磁场小

由于交流电有趋肤效应，比直流电渗入深度浅，故交流电在圆棒端头形成的磁极磁性小，所以交流电和直流电磁化同一工件时，交流电产生的退磁场小。

【项目训练】

一、填空题

1. 磁铁具有吸引铁屑等磁性物体的性质叫作________。

2. 为了使磁感线能定量地表示物质中的磁场，人们规定，垂直通过磁场中某一截面的磁感线数叫作通过此截面的________。

3. 磁化物质单位面积上的磁通量叫作________，其在国际单位制中，单位是________。

4. 所有材料按磁性不同可分为________、________、________三类。

5. 右手螺旋定则：用右手握住导体并把拇指伸直，以拇指所指方向为电流方向，则环绕导体的四指就指示出________的方向。

6. 变化的磁场能够在闭合导体回路中产生________和________。

7. 常见的变压器就是利用________的原理制成的。

8. 磁粉检测用来检测铁磁性材料________和________缺陷。

9. 长径比 L/D 值越大，退磁场越________。

二、简答题

1. 什么是周向磁场？什么是纵向磁场？

2. 什么叫漏磁场？

3. 影响缺陷漏磁场的因素有哪些？

4. 磁场中的几个基本物理量都是什么？

5. 影响退磁场大小的因素有哪些？

项目三：
掌握磁化的相关知识

【项目目标】

- 知识目标
  1. 理解磁粉检测常用磁化电流种类和适用范围；
  2. 理解磁粉检测常用磁化方法和适用范围；
  3. 理解磁化规范制定的标准及要求。
- 技能目标
  能够根据被检零（构）件拟定其磁化方案。

【项目描述】

根据磁粉检测的原理可知，磁化是磁粉检测过程中的一个关键环节，直接影响磁粉检测的灵敏度和检测效率。那么在磁粉检测中如何来磁化？常用的磁化电流种类和磁化方法有哪些？又是如何来制定磁化规范的呢？这些问题都是我们本项目学习的重点，只有学懂学透这些问题，才能在磁粉检测过程中有效地制订磁化方案，确保检测效果。

【项目实施】

任务 1
认识磁化电流

磁粉检测中用于对工件实施磁化的磁场大都是由电流产生的，用于在工件上激发磁场的电流称为磁化电流。磁粉检测常用的磁化电流有交流电、整流电、直流电、冲击电流等。不同种类的电流对工件的磁化是有差异的，各有其优缺点。所以，在磁粉检测中，正确选择磁化电流十分重要。

一、交流电

1. 表征交流电的物理量

大小和方向随时间做周期性变化的电流被称为交流电，正弦（余弦）交流电是随时间做正弦（余弦）变化的交流电。

其数学表达式为

$$i = I_m \sin(\omega t + \varphi) \tag{1-7}$$

式中：i 为交流电的瞬时值；I_m 为交流电的峰值；ω 为角频率；φ 为初相位。

当交流电通过某一电阻在一个周期内所产生的热量和直流电通过同一电阻在相同时间内产生的热量相等时，将此直流的大小定义为该交流电的有效值 I，它与峰值 I_m 之间的关系为

$$I=\frac{1}{\sqrt{2}}I_m\approx 0.707I_m \tag{1-8}$$

通常，在磁粉检测中，用磁化规范公式计算的磁化电流值一般都是指交流电的有效值。

2. 趋肤效应

交流电通过导电体时，其电流密度分布是不均匀的，导体表面的电流密度大，而中心部位很小，这种电流趋向于导体表层流动的现象称为趋肤效应。引起趋肤效应的原因是导体在变化着的磁场里由于电磁感应而产生涡流，在导体表面附近，涡流方向与原电流方向相同，使电流密度增大；而在导体轴线附近，涡流方向则与原电流方向相反，使导体内部电流密度减小。材料的电导率和相对磁导率增加时，或交流电的频率提高时，都会使趋肤效应更加明显。

为了定量描述趋肤效应的大小，通常引入渗透深度 δ 的概念，它表示在距导体表面 δ 深度处，电流密度已降低到表面值的 1/e（37%）。可由下式计算

$$\delta=\frac{1}{\sqrt{\pi f\mu\sigma}} \tag{1-9}$$

式中：f 为交流电的频率；μ 为导体的磁导率；σ 为导体的电导率。

3. 交流电的优点

交流电在磁粉检测中被广泛应用，是因为它具有以下优点。

（1）对表面缺陷检测灵敏度高

趋肤效应使磁化电流及其产生的磁通趋于工件表面，提高了表面缺陷检测能力。众所周知，工件表面的疲劳裂纹、应力腐蚀裂纹等对使用安全具有很大威胁，灵敏而可靠地检测表面缺陷对安全具有重要的意义。

（2）适宜于变截面工件的检测

使用交流电磁化，可得到比较均匀的表面磁场分布，检测效果较好；若采用直流电磁化工件，则在截面变化处会有较多的漏磁场，掩盖变截面处的缺陷显示。

（3）能够实现多向磁化

在多向磁化中，常用两个交流磁化场的叠加来产生旋转磁场，或者采用交流场和直流场叠加产生摆动磁场。

（4）有利于磁粉在被检表面上的迁移

交流电方向不断变化，它产生的磁场也是交变的。被检工件表面上受到交变磁场的作用，会有助于磁粉的迁移，从而可以提高探伤灵敏度。

（5）易于退磁

由于交流电磁化的工件，磁场集中于工件表面，所以用交流电容易将工件上的剩磁退掉，还因为交流电本身不断地变换方向，而使退磁方法变得容易。

（6）电源易得，设备结构简单

交流磁粉探伤机直接使用工业电源输送的交流电，不需要整流、滤波等装置，设备结构简单，价格便宜，便于维修。

（7）交流电磁化时工序间可以不退磁

由于交流电的方向不断变化，使得工件上的磁场方向也在不断变化，有利于工作退磁。因此，在两次磁化和检验的工序间可以不对工件进行退磁。

4. 交流电的局限性

交流电作为磁化电源在使用中也有不足之处，使用上也受到一定限制，主要有以下两个方面。

（1）剩磁法检验受交流电断电相位影响，剩磁不够稳定

交流电用于剩磁法检测时，有剩磁不稳和偏小的情况，这时有可能会造成缺陷漏检。其原因是磁化电流关断时电流断电相位的随机性。所以使用剩磁法检验的交流探伤设备，若要获得稳定的剩磁，应配备断电相位控制器，以获得稳定的最大剩磁。

（2）检测缺陷深度小

交流电趋肤效应固然提高了表面缺陷的检测灵敏度，但对表层下的缺陷检测能力就不如直流电了，一些近表面缺陷会产生漏检。对于钢工件 Φ1mm 人工孔，交流电的探测深度，剩磁法约为 1mm，连续法约为 2mm。而对于有镀层的工件最好不用交流电磁化。

二、直流电

直流电是指大小和方向都恒定不变的电流，也称稳恒电流。磁粉检测中早期使用的磁化电流都是直流，通常由蓄电池并联或直流发电机提供。

直流电磁化工件，电流无趋肤效应，在导体内均匀分布，磁场渗透性能好，因此，检测深度大；近表面缺陷的检测能力比交流强。此外，直流磁化剩磁稳定，无须断电相位控制。由于直流磁化磁场渗透深度大，退磁也更为困难，有时需要专用的退磁装置。

三、整流电

整流电是通过对交流电整流而获得的方向不变，但大小随时间变化的电流。整流电既含有直流部分，又含有交流部分，故有时也称为脉动电流或脉动直流。

整流电分为单相半波、单相全波、三相半波、三相全波四种类型，如图 1-25 所示。四种类型电流中，按照交流分量大小递减排序为：单相半波、单相全波、三相半波、三相全波。按照检测缺陷深度大小排序为：三相全波、三相半波、单相全波、单相半波。其中最常用的是单相半波和三相全波整流电。

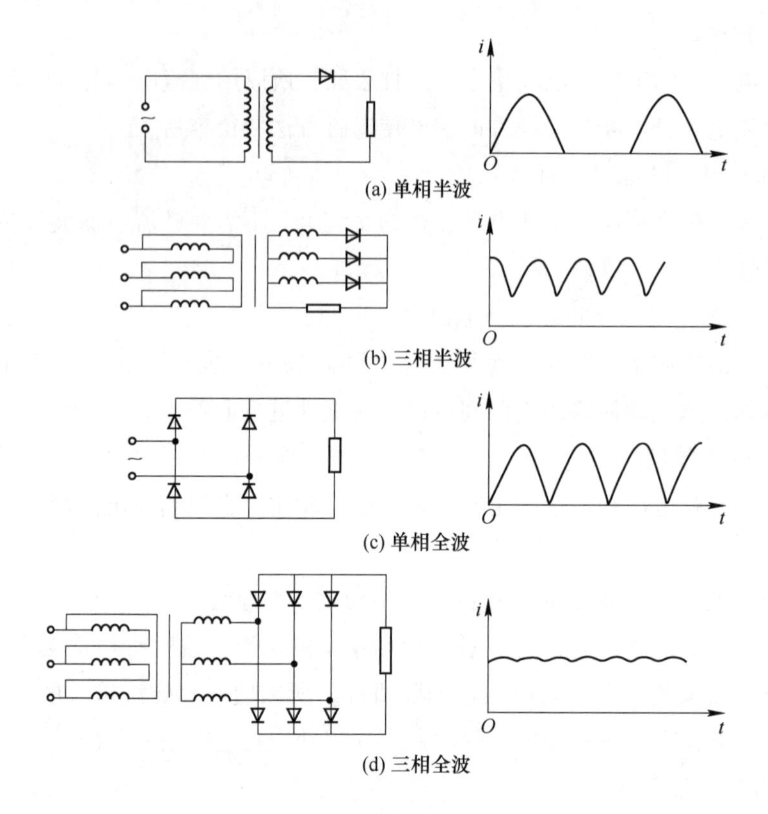

(a) 单相半波

(b) 三相半波

(c) 单相全波

(d) 三相全波

图 1-25　整流电的四种类型

1. 单相半波整流电

单相半波整流电是通过整流将单相正弦交流电的负向去掉，只保留正向电流，形成直流脉冲，每个脉冲持续半个周期，在各脉冲的时间间隔里没有电流流动，用符号 HW 表示。

单相半波整流电是一种常用的磁化电流，它具有以下磁化特点。

（1）兼有渗透性和脉动性

单相半波整流电方向单一，趋肤效应远比交流小，因此能检测近表面缺陷。试验表明：对于钢中 Φ1mm 的人工缺陷，交流磁化时，剩磁法检出深度为 1mm，连续法为 2.5mm；而单相半波整流电磁化时，剩磁法检出深度为 1.5mm，连续法为 4mm。

但是，半波整流电交流分量较大，它的磁场具有强烈的脉动性，它能够搅动干燥的磁粉，有利于磁粉的迁移。因此，单相半波整流电常与干法相结合，用于检测大型铸件、焊缝的表层缺陷。

（2）剩磁稳定

单相半波整流电所产生的磁滞回线如图 1-26 所示，因为磁场总是同方向的，不存在磁滞回线中的退磁曲线段。所以，无论何时断电，总能在工件上获得稳定的剩磁，试验也证明了这一点。

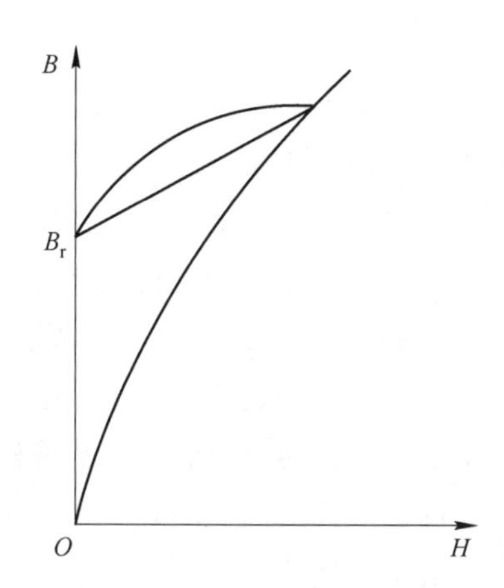

图 1-26　单相半波整流电的磁滞回线

（3）可获得较好的灵敏度和对比度

单相半波整流电磁化工件时磁场不是过分地集中于表面，即使采用严格规范，缺陷上的磁粉也不会大量增加，所以工件本底干净，磁痕轮廓清晰，对比度好，便于观察分析。

（4）有利于近表面缺陷的检测

单相半波整流电是单方向脉冲电流，能够扰动干磁粉，有利于磁粉的迁移，因此适合与干法检测相结合，检测近表面气孔、夹杂和裂纹等缺陷。

（5）退磁较困难

由于单相半波整流电的电流渗入深度大于交流电，所以比交流电退磁困难。检测缺陷深度不如三相全波整流电和直流电。

2. 三相全波整流电

交流电经过三相全波整流可以得到三相全波整流电，使每相正弦曲线的负向部分都倒转为正向，产生一个接近直流电的整流电，用符号 FWDC 表示。

它的优点是：具有很大的渗入性和较小的脉动性，能够检测到近表面埋深较深的缺陷；剩磁稳定；适用于检测焊接件、带镀层件和球墨铸铁毛坯的近表面缺陷；设备的输入功率小。

它的局限性是：退磁困难，要使用超低频或直流换向衰减退磁设备，退磁效率低；对工件进行纵向磁化时退磁场大；变截面工件磁化不均匀；不适用于干法检测。

四、冲击电流

冲击电流磁化一般只有在需要的磁化电流特别大，而常规设备不能满足时才使用的电流磁化方法。冲击电流一般是由电容器充放电获得的。

冲击电流磁化的优点是探伤机可以做得很小，但输出的电流却可以很大。其局限性是只适用于剩磁法检测，这是因为通电时间非常短，要在通电期间施加磁粉并完成磁粉向缺陷处迁移较困难。

五、磁化电流的选择

1. 用交流电磁化湿法检测（即一种以磁悬液作为显示介质对缺陷进行观察的磁粉检测方法），对工件表面微小缺陷的检测灵敏度高。

2. 交流电的渗入深度，不如整流电和直流电，不适宜检测近表面较深缺陷。

3. 交流电用于剩磁法检测时，应加装断电相位控制器。

4. 交流电磁化连续法检测主要与有效值电流有关，而剩磁法检测主要与峰值电流有关。

5. 整流电流包含的交流分量越大，检测近表面较深缺陷的能力越小。

6. 用单相半波整流电磁化干法检测，对工件近表面缺陷检测灵敏度高。

7. 三相全波整流电可检测工件近表面较深的缺陷。

8. 直流电可检测工件近表面最深的缺陷。

9. 冲击电流只能用于剩磁法检测和专用设备。

任务 2
掌握磁化方法

磁粉检测就是利用缺陷处产生的漏磁场吸引磁粉形成磁痕来指示缺陷的。由漏磁场的影响因素可知，漏磁场的大小与缺陷的延伸方向是密切相关的。工件磁化时，当磁场方向与缺陷延伸方向垂直时，缺陷处的漏磁场最大，检测灵敏度最高；随着磁场方向与缺陷延伸方向夹角的减小，缺陷漏磁场减小，检测灵敏度逐渐下降。当它们的夹角小于 30°时，这时几乎不产生漏磁场，也就不能发现缺陷了，这样就会造成漏检。为了避免漏检，缺陷与磁场方向的夹角不得小于 45°。但是，在实际检测中，为保证最佳灵敏度，通常要求工件中磁场的方向尽可能与缺陷方向相互垂直。

由于工件中的缺陷可能有各种取向，有的很难预计，为了发现不同方向的缺陷，于是发展了不同的磁化方法，以便于在工件中建立不同方向的磁场。根据在工件中建立磁场的方向，通常分为周向磁化、纵向磁化和复合磁化。

一、周向磁化

周向磁化是指通过给工件磁化，在工件中建立一个环绕工件并与工件轴相垂直的周向磁场的磁化方法。周向磁化法主要用来发现与工件轴线平行的纵向缺陷。常用的周向磁化法有轴向直接通电法、中心导体法、偏心导体法、支杆法和感应电流磁化法等。

（一）轴向直接通电法

1. 概述

轴向直接通电法是将工件夹持在两电极之间，使电流从被检工件上沿轴向直接通过，根据电磁感应定律，电流在工件表面和内部建立一个闭合的周向磁场，用于检查与磁场方向垂直、与电流方向平行的纵向缺陷，如图 1-27 所示。

2. 适用范围

直接通电法通常适用于轴类中小工件的检测。但当电流较大，工件两端夹持不紧密或

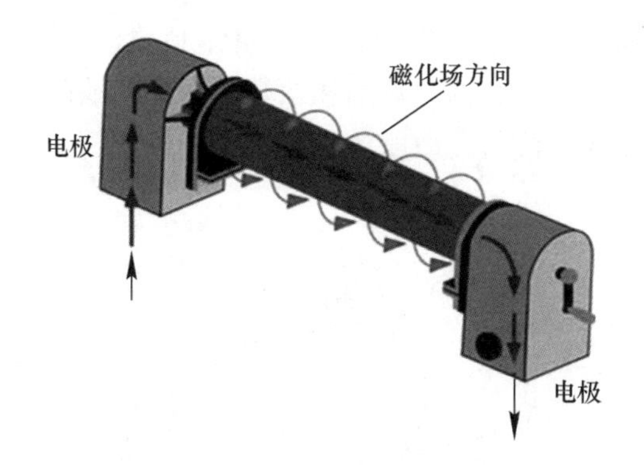

图 1-27　轴向直接通电法

有氧化皮时，容易因接触不良而产生电火花烧伤工件。为此，通电磁化时应注意工件表面处理和正确夹持工件。但要注意，轴向直接通电法在工件上产生的磁感应强度是不均匀的，其中工件的中心轴线磁感应强度为零，从中心向外磁感应强度逐渐增大，在工件外表面达到最大。因此，轴向直接通电法不能检测空心工件内表面的不连续性。

3. 轴向直接通电法的优点

（1）无论简单或复杂工件，一次或数次通电都能方便磁化。

（2）在整个电流通路的周围产生周向磁场，磁场基本上都集中在工件的表面和近表面。

（3）两端通电，即可对工件全长进行磁化，所需电流值与长度无关。

（4）磁化规范容易计算。

（5）工件端头无磁极，不会产生退磁场。

（6）用大电流可以在短时间内进行大面积磁化，检测效率高。

（7）有较高的检测灵敏度。

4. 轴向直接通电法的局限性

（1）接触不良会产生电弧烧伤工件。

（2）不能检测空心工件内表面的不连续性。

（3）夹持细长工件时，容易使工件变形。

5. 预防打火烧伤的措施

（1）清除与电极接触部位的锈蚀、油漆和非导电覆盖层。

（2）必要时应在电极上安装接触垫，如铜编织垫。

（3）磁化电流应在夹持压力足够时接通。

（4）必须在磁化电流断电时夹持或松开工件。

（5）用合适的磁化电流磁化。

（二）中心导体法

1. 概述

中心导体法是将导体棒穿入空心工件的孔中，并置于孔的中心，电流从导体棒上通过，在工件表面和内部建立周向磁场的方法，也叫作穿棒法和芯棒法，如图 1-28 所示。中心导体法可以同时检测内外表面轴向缺陷和两端面的径向缺陷。空心件内表面磁场强度比外表面大，所以内表面缺陷检出灵敏度比外表面高。

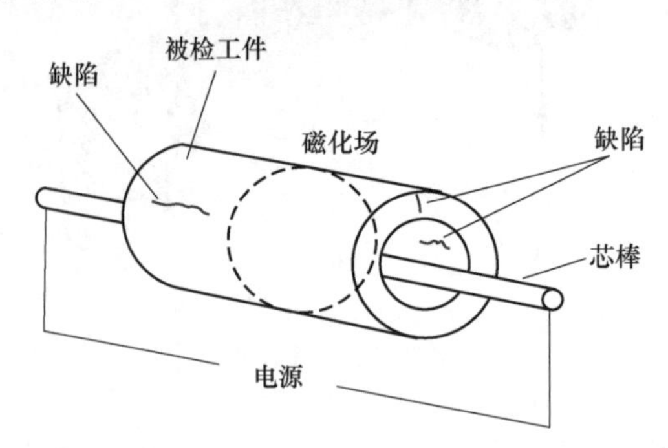

图 1-28　中心导体法

2. 适用范围

中心导体法适用于检查空心轴、轴套、齿轮等空心工件。对于小型工件，如螺母，可将数个工件穿在导体棒上一次磁化。若工件内孔弯曲或检查工件孔周围的缺陷，可以用软电缆作为中心导体。中心导体的材料一般采用铜棒，也可以用铝棒或钢棒。在采用钢棒作为导体棒磁化时，应避免钢棒与工件接触产生磁写，所以最好在钢棒表面包覆一层绝缘层。

3. 中心导体法的优点

（1）磁化电流不从工件上直接流过，不会产生电弧。

（2）在空心工件的内、外表面及端面都会产生周向磁场。

（3）对于小工件，可以同时穿在导体棒上一次磁化。

（4）一次通电，工件全长都能得到周向磁化。

（5）工艺方法简单，检测效率高。

（6）有较高的检测灵敏度。

4. 中心导体法的局限性

（1）仅适用于检测空心件内外表面纵向缺陷和两端面的径向缺陷，无法检测出横向缺陷，如分层。内表面磁场强度比外表面大，所以内表面缺陷检出灵敏度比外表面高。

（2）对于厚壁工件，外表面缺陷的检测灵敏度比内表面低很多。

（3）适用于有孔工件的检测。

（三）偏心导体法

当空心工件的内直径太大，探伤机所能提供的电流不足以使工件表面达到所需的磁感应强度时，可将导体棒偏心放置进行磁化，也就是将导体棒穿入空心工件的孔中，并贴近工件内壁放置，电流从导体棒上通过形成周向磁场，用于局部检验空心工件内、外表面与电流方向平行的缺陷和端面的径向缺陷，如图 1-29 所示。该法适用于中心导体法检验时，设备功率达不到的大型环和压力管道的磁粉检测。

偏心导体法采用适当的电流值磁化，有效磁化范围约为导体直径 d 的 4 倍。检查时要

转动工件，分段磁化，检查整个圆周。为了防止漏检，每相邻磁化区应有 10%的覆盖。磁化次数可由式（1-10）计算

$$N = \frac{L}{4d(1 - 10\%)} \tag{1-10}$$

式中：N 表示磁化的次数；L 表示工件的周长；d 表示导体棒的直径。

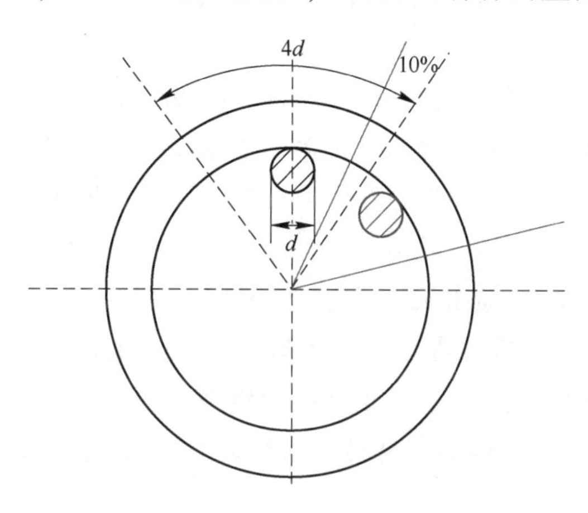

图 1-29　偏心导体法的有效磁化区

（四）支杆法

通过两支杆电极将磁化电流通入工件，在电极处的表面上产生周向磁场，对工件进行局部磁化的方法，称为支杆法或触头法，如图 1-30 所示。

用支杆法磁化工件时，工件表面的磁场强度与磁化电流、支杆间距有关。支杆间距一定，磁化电流大，工件表面磁场强度大。电流一定时，支杆间距大，工件表面磁场强度小。为了达到规定的磁场强度，支杆间距大，磁化电流也应大。

当支杆间距为 200mm，磁化流为 400A（交流）时，用支杆法在钢板上产生的磁场分布如图 1-31 所示。由图可知，在两支杆电极的连线上产生的磁场强度最大，离该连线越远，磁场强度越小。

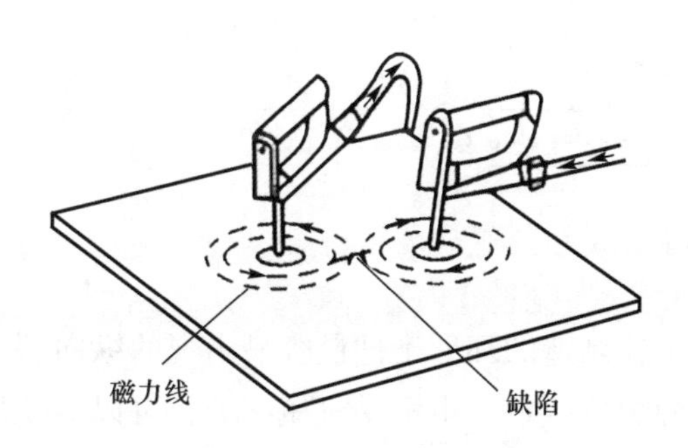

图 1-30　支杆法磁化示意图

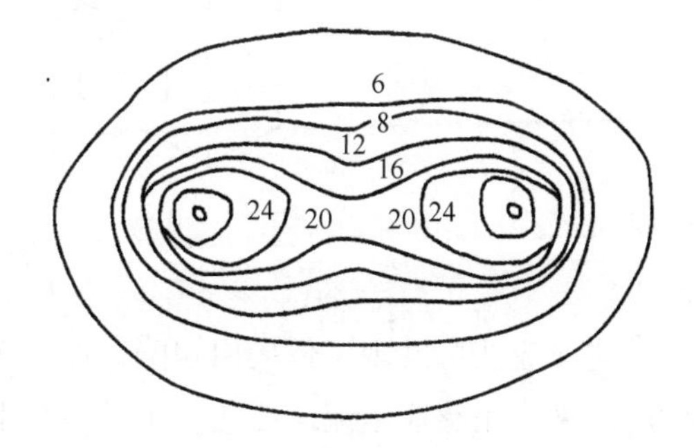

图 1-31　支杆法磁场分布（单位：A/cm）

支杆法可以检出与两支杆电极连线平行的缺陷，不能检出与两支杆电极连线垂直的缺陷，因此，为了检出工件不同方向的缺陷，在同一部位，应进行相互垂直两个方向的磁化。

支杆法有较好的机动性和适应性，适用于大型、结构复杂的工件的局部检测，如压力容器中的各种角焊缝和大型铸锻件。但这种方法不宜用于表面精整度要求高的工件检测。

由于支杆法是通过支杆将电流直接通入工件，电极与工件又是点接触，操作不当极易烧伤工件，并使工件表面产生点状淬火，甚至产生微裂纹。因此，具体操作时应注意：磁化电流不宜过大，电极接触压力不宜过小，电极端头和工件表面清理干净。

支杆法检测操作中应注意以下几点：

1. 触头与工件表面垂直，防止磁场产生畸变和干扰；

2. 触头与工件的接触点应在焊缝两侧各取一点，且电极连线应与焊缝成一定角度，这样可以克服缺陷轻微的方向偏离，保证缺陷的检测；

3. 触头与工件之间应衬软性导电材料（铜丝编织网），保证良好的电接触，防止工件表面烧伤；

4. 为保证支杆法磁化时不漏检，两次磁化时必须有不小于10%重叠的有效磁化区；

5. 支杆在接触和离开工件时，都应在断电状态下进行，否则将产生电弧和火花。

（五）感应电流磁化法

感应电流磁化法是把铁芯插入环形工件内，通过铁芯中磁通的变化，在工件内产生周向感应电流，利用该电流在工件中产生的闭合磁感线来检查缺陷的方法，如图 1-32 所示。

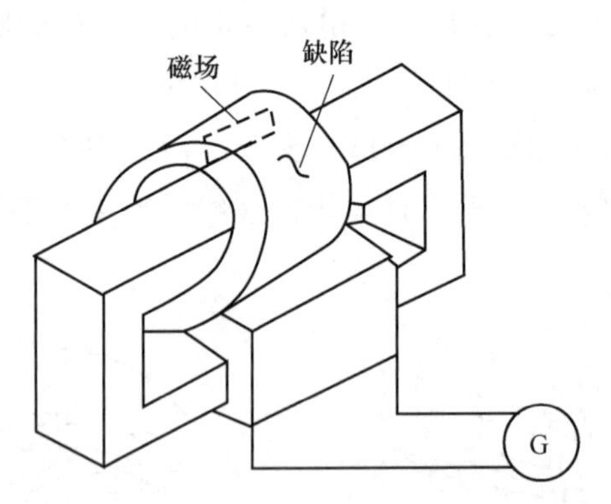

图 1-32　感应电流磁化法

感应电流法可发现工件周向缺陷，而对于扩孔制造的环形工件最容易出现的纵向裂纹检测不出来。用感应电流法磁化，工件不与电源装置接触，也不受机械压力，可以避免烧伤和变形，最适合检查薄型环形工件。

二、纵向磁化

使工件上产生与轴线平行的纵向磁场并利用纵向磁场进行磁化的方法，称为纵向磁化法。纵向磁化在工件内部建立的是与工件轴向平行的磁化场，可用于发现与工件轴向垂直或与轴向夹角大于45°的缺陷，即横向缺陷。

常用的纵向磁化法有磁轭法、线圈法和电缆缠绕法等。

（一）磁轭法

利用电磁轭或永久磁铁在工件上产生的纵向磁场进行磁化的方法，称为磁轭法。

所谓电磁轭，就是绕有螺线管线圈的π形铁芯，工件置于铁芯两极间，工件与铁芯构成闭合磁回路，当线圈上通以电流后，铁芯中感应的磁通流过工件，对工件进行纵向磁化。实际应用中有两种基本形式。

1. 整体磁轭法

整个工件置于磁轭法产生的纵向磁场中进行磁化的方法，称为整体磁轭法，如图1-33所示。这种方法可用于发现与工件轴向垂直或与轴向夹角大于45°的缺陷。整体磁轭法主要在固定式磁粉检测机上的磁轭中进行，适用于大批量中、小工件的检测。为了便于磁化不同长度的工件，磁轭的一极是活动的，极距可以调节。整体磁化，对于形状规则、截面小的工件，也可在便携式检测仪具有活动关节的磁轭中进行。整体磁化，要求磁轭极的截面应大于工件截面，否则达不到规定的磁场强度。同时，还要求工件两端面与磁极间隙尽量小，因为空气会降低磁化效果。

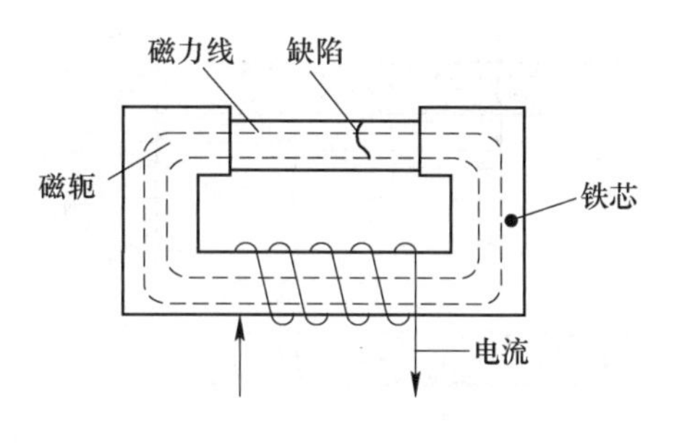

图1-33　整体磁轭法

2. 局部磁轭法

利用便携式磁轭或永久磁轭产生的纵向磁场，对工件表面局部区域进行磁化的方法，称为局部磁轭法，如图1-34所示。这种方法主要用于检出与两磁极连线垂直的缺陷。为此，采用局部磁轭法时，对同一部位，应进行相互垂直的两次磁化。

局部磁轭法，磁轭两极间的磁感线大致平行于两极的连线，磁化区的磁感线为椭圆形，磁化区内磁场强度分布不均匀，在两极连线方向上，两极附近强，连线中间弱。在连线的垂直方向上，连线附近强，远离连线处弱。

如图1-35所示，磁化区内的磁场强度和检测有效范围与两磁极间距有关，磁极间距大，检测有效范围大，但磁场强度小。磁极间距一般控制在50～200mm之间。局部磁轭法，工件表面的磁场强度还与工件厚度有关，工件厚度大，磁感线分散，磁场强度低。直流磁化尤为突出。交流电具有趋肤效应，工件厚度影响小。一般厚度超过 5mm 的工件，不宜采用直流磁轭。

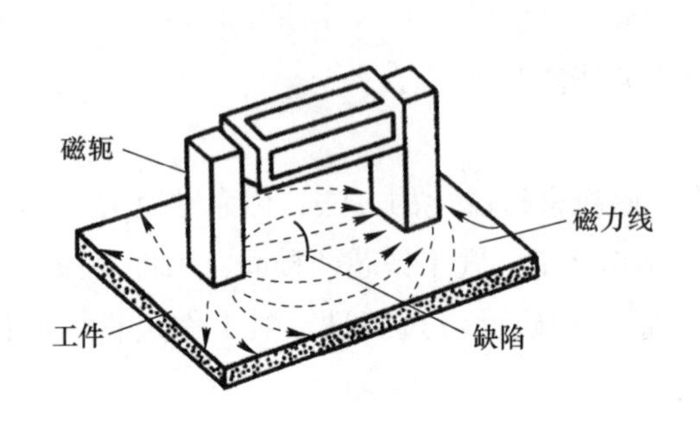

图 1-34　局部磁轭法

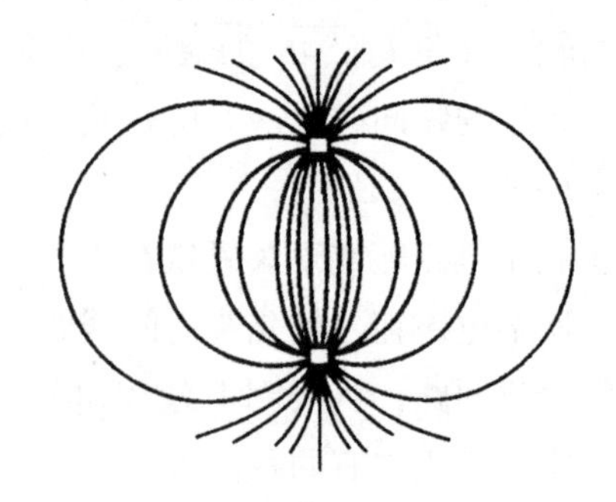

图 1-35　便携式电磁轭两极间的磁感线

（二）线圈法

将工件置于通电螺线管线圈内，用线圈内的纵向磁场进行磁化的方法，称为线圈法，如图 1-36 所示。它有利于检出与线圈轴线垂直的缺陷。

线圈磁化法，线圈直径较大、长度较短时，线圈内径向的磁场强度是不均匀的，靠近线圈壁强，中心弱。磁化小型工件时，应把工件放置于靠近线圈内壁的位置进行磁化，如图 1-37 所示。

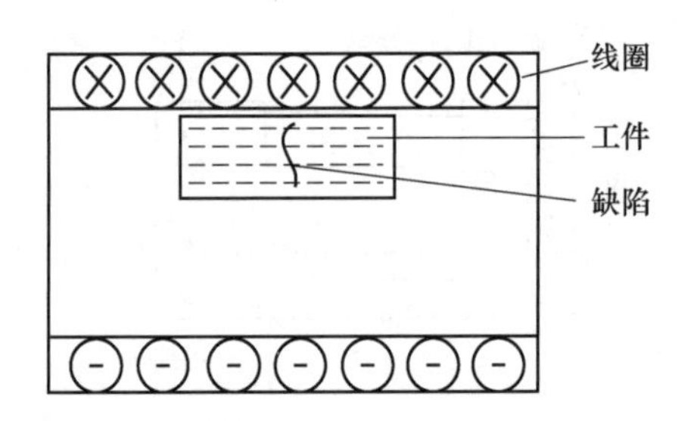

图 1-36　线圈法

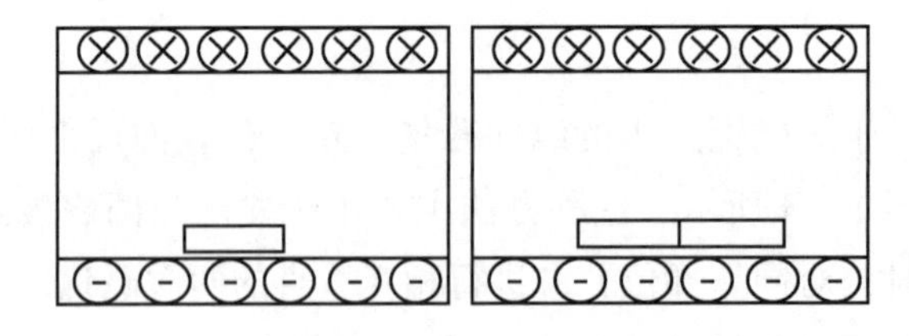

图 1-37　工件在线圈内放法

工件长度比线圈长度大时，由于线圈内磁场强度随着离开线圈端面距离的增加而迅速减弱，工件在线圈之外较远的部位得不到必要的磁化，所以要对工件进行分段磁化，或将线圈沿工件移动磁化，如图 1-38 所示。

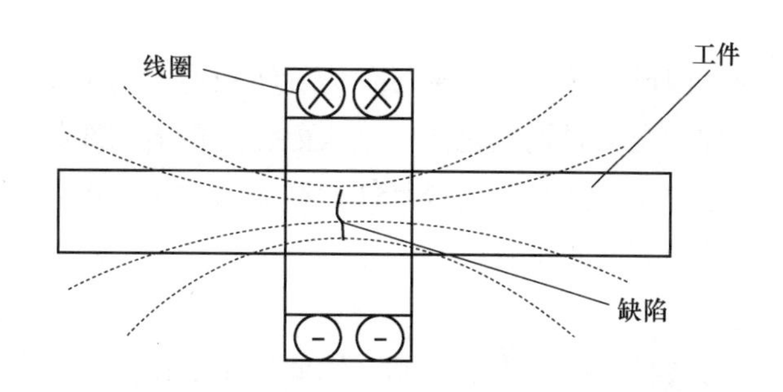

图 1-38　长工件线圈法

（三）电缆缠绕法

把通电电缆缠绕在工件上，利用通电电缆在工件上产生的纵向磁场进行磁化的方法，称为电缆缠绕法，如图 1-39 所示。它可以检出工件的横向缺陷。

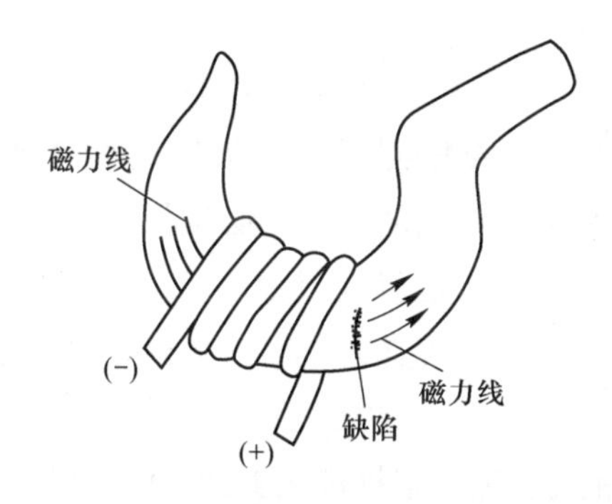

图 1-39　电缆缠绕法

电缆缠绕法一般可用于直径较大或形状不规则、又不能放在固定式螺线管线圈中磁化的工件的检测。

三、复合磁化

在工件上同时施加两个或两个以上不同方向的磁场，利用其随时间不断变化的合成磁场进行磁化的方法，称为复合磁化法。这种方法合成的磁场方向在被检区域内随时间变化，经过一次磁化便可检出工件不同方向的缺陷。

复合磁化可采用多种形式。常用的有摆动磁场法和旋转磁场法（也称为交叉磁轭磁化法）等。

（一）摆动磁场法

用直流磁轭的纵向磁场和通以交流电的周向磁场叠加，在工件上产生随时间不断摆动的合成磁场进行磁化的方法称为摆动磁场的复合磁化法。摆动磁场法可以检出工件任意方向缺陷。

（二）旋转磁场法

大小和方向随时间做圆形旋转变化的磁场称为旋转磁场。利用旋转磁场进行磁化的方法称为旋转磁场法，又称为交叉磁轭磁化法。一次磁化可检出工件各个方向的缺陷。

实际应用中，磁化方法的选择需要结合具体检测需求和条件进行，其基本原则是尽可能使磁感线方向与缺陷延伸方向相垂直。

四、磁化方法的选择

由于工件中的缺陷有各种方向，难以预知，因此应该根据工件的几何形状，采用不同的磁化方法对工件进行磁化。在选择磁化方法时应考虑工件的尺寸大小、工件的外形结构和工件的表面状态等因素，并根据工件的装配位置、各部位应力分布情况以及以往受损状态，分析可能产生缺陷的部位和方向，选择合适的磁化方法。无论采用哪种磁化方法，最根本的原则是使磁场方向与工件可能存在的缺陷尽可能垂直。

任务 3

学习磁化规范

磁粉检测灵敏度的高低依赖于缺陷漏磁场的大小，而工件的磁感应强度是缺陷漏磁场形成的重要因素之一。要使缺陷有明确的显示，必须保证必要的磁感应强度，以使缺陷部位能够产生有效的漏磁场。换言之，也就是当工件确定后，外加磁化场强度和方向要能够对工件进行有效的磁化。通常，把工件在磁化时选择磁化电流值或磁场强度值所遵循的规则称为磁化规范。

制定一个具体的磁化规范时，需要根据被检工件具体情况、检测要求、磁化方法、检测设备条件等方面进行综合考虑。首先，根据被检工件材料的磁特性、热处理状态确定采用哪种检验方法，即连续法还是剩磁法；然后，根据被检工件的形状、尺寸、表面状况，以及缺陷可能存在的位置、方向、大小，按检测要求确定磁化方法、磁化电流的种类和大小。磁化规范选择妥当与否可通过测定工件表面切向磁场值或采用灵敏度试片等方法进行验证。

一、磁化规范确定方法

多年来，从事磁粉探伤的科学工作者通过大量的试验研究和生产实践，提出了多种确立磁化规范的方法。

（一）经验数值法

这是一种由大量试验得出，能满足大多数铁磁性材料探伤要求的经验数值，其中包含了工件表面磁场强度值和工件内磁感应强度值两种经验数值。

1. 工件表面磁场强度值

这种方法认为只要工件表面的磁化强度达到一定的数值，就可以满足检测条件要求，达到检测目的。表 1-2 中列出了不同检测状态下需要达到的最低表面磁场强度值。根据检测要求的不同，磁化规范分为标准规范和严格规范，严格规范的检测能力优于标准规范。

表 1-2 工件表面磁场强度值

检测方法	标准规范	严格规范
连续法	2.4kA/m（30Oe）	4.8kA/m（60Oe）
剩磁法	8.0kA/m（100Oe）	14.4kA/m（180Oe）

由于这种方法简捷方便，实用性强，对于常用材料检测效果良好，因此深受使用者的欢迎，获得了广泛的应用。目前，一些标准规定在使用毫特斯拉计校验所选择的磁化规范是否合理时，要求在被检表面的任何部位所测得的（连续法）切向磁场值应在 2.4~4.8kA/m（即 30Oe~60Oe）范围内，采用的正是磁场经验值。但这里需要指出，由于这种方法忽视了材料的磁特性，无论什么品种的材料，不管材料的磁特性优劣，只要外形尺寸相同，就采用同一规范，这在磁粉检测中会造成检测灵敏度上的不一致，对于一些磁导性能差，难以磁化的特殊钢种工件，可能会导致由于不能产生足够的漏磁场而漏检的情况。

2. 工件内的磁感应强度值

工件内的磁感应强度是使工件表层缺陷建立足够漏磁场的必要条件。用于确定磁化规范的磁感应强度的经验数据有两个：一个是工件内磁感应强度要求达到 0.8T，达到这个数值，就可以满足检测灵敏度要求，发现各种微小缺陷；与此对应，剩磁法的必要条件是工件内必须能保持 0.8T 的剩余磁感应强度。另一个经验数据是必须使工件内磁感应强度达到饱和磁感应强度的 80%，只要满足了这个条件就可以保证检测灵敏度。

要保证工件中的磁感应强度达到 0.8T，对于不同的钢材其值是不同的，要分别根据各自的磁化曲线来确定磁化电流的大小。采用饱和磁感应强度的 80%的磁化方法，也是要根据磁化曲线，得出饱和值的 80%所对应的外加磁场值作为磁化规范。

应该说，采用工件内磁感应强度来确定磁化规范比较科学、合理。只要知道了磁化曲线，就可以对不同材料或是不同热处理状态下的工件进行灵敏度相同的检测，可以精确计算适合工件的磁化规范，是一个确定磁化规范的好方法。但必须指出，由于钢材品种很多，要测绘各种钢材和它们在不同热处理状态下的磁化曲线较为困难，所以在使用中有很大的局限性。

（二）标准试片法

磁粉检测中的标准试片可以用来确定磁化规范，是一种直观、快速，能客观反映磁化场的方法。另外，标准试片还可以用来检验磁粉探伤设备、磁粉和磁悬液的综合性能，以及磁化规范、操作工艺是否正确。

确定磁化规范的常用试片为 A 型试片和 C 型试片，C 型试片主要是在使用 A 型试片有困难时用于代替 A 型试片，国内、外有关标准中对此进行了规定。

形状较为复杂的工件，其磁场值难以准确计算，有时使用特斯拉计也无法测量，借助于标准试片，可以指示关键检测区域内的磁场强度和方向，有助于建立正确的磁化规范。

（三）磁特性曲线法

磁特性曲线法是根据被检工件材料的磁特性曲线，选择能满足探伤要求的磁场强度的方法。

磁特性曲线可参考兵器工业无损检测人员技术资格鉴定考核委员会所编写的《常用钢材磁特性曲线速查手册》。由于各种材料及其在不同热处理状态下的磁特性不同，因此对每种工件都去测定磁特性曲线是不现实的。因此，这种方法一般适用于工作中常遇到的材料。

在利用磁特性曲线法制定磁化规范时，必须将磁化工作点选在磁性曲线上最大磁导率 μ_m 的 80%处。即应根据磁特性曲线，选择比最大磁导率 μ_m 所对应的磁场强度 H_{μ_m} 较大的值，这样才能得到合适的磁化。

利用钢材磁特性曲线制定周向磁化规范时，可将磁特性曲线分为四个区域，如图 1-40 所示，周向磁化规范的分级，见表 1-3。

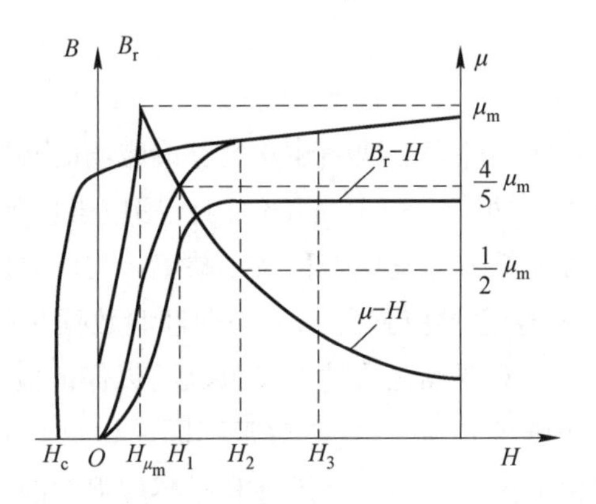

图 1-40　按磁特性曲线制定磁化规范

表 1-3　周向磁化规范的分级

规范名称	检测方法		应用范围
	连续法	剩磁法	
严格规范	H_2 ~ H_3（基本饱和区）	H_3以后（饱和区）	适用于特殊要求或进一步鉴定缺陷性质的工件
标准规范	H_1 ~ H_2（近饱和区）	H_3以后（饱和区）	适用于较严格的要求
放宽规范	H_{μ_m} ~ H_1（激烈磁化区）	H_2 ~ H_3（基本饱和区）	适用于一般的要求（发现较大的缺陷）

综上所述，确定磁化规范的方法根据选择依据的不同可以有多种选择。实际应用中可结合实际检测条件和要求作全面的考虑，根据上述方法各自特点，互相参照比较并选择，以便制定正确的磁化规范。

二、周向磁化规范

（一）轴向直接通电法和中心导体法

利用轴向直接通电法磁化工件时，已知通电导体表面的磁场强度 $H=\dfrac{I}{\pi D}$，故其磁化电流 $I=\pi HD$（D 为通电导体的直径）。可见，轴类工件直接通电法磁化电流主要依据工件的直径选取，具体的磁化规范详见表 1-4。

表 1-4　直接通电磁化法和中心导体法的磁化规范

检测方法	电流值计算		用　　途
	FWDC	AC	
连续法	I 取 $12D\sim20D$	I 取 $8D\sim15D$	用于标准规范，检测 $\mu_{rm}\geqslant200$ 制件的开口性缺陷
	I 取 $20D\sim32D$	I 取 $15D\sim22D$	用于严格规范，检测 $\mu_{rm}\geqslant200$ 制件的夹杂物等非开口性缺陷；用于标准规范，检测 $\mu_{rm}<200$（如沉淀硬化钢类）制件的开口性缺陷
	I 取 $32D\sim40D$	I 取 $22D\sim28D$	用于严格规范，检测 $\mu_{rm}<200$（如沉淀硬化钢类）制件的夹杂物等非开口性缺陷
剩磁法	I 取 $25D\sim45D$	I 取 $25D\sim45D$	检测热处理后矫顽力 $H_c\geqslant1\text{kA/m}$、剩磁 $B_r\geqslant0.8\text{T}$ 的制件

注：1. 计算式的范围选择应根据制件材料的磁特性和检测灵敏度要求具体确定。

2. μ_{rm} 为最大相对磁导率；I 为电流有效值，单位为安培（A）；D 为制件直径，单位为毫米（mm），对于非圆柱形制件则采用当量直径 D=周长/π。

需要注意的是，当工件直径有大于 30%的变化时，应分段选用磁化规范，磁化时按先小后大的顺序。

（二）偏心导体法

当工件直径较大、设备的功率电流值不能满足中心导体法的磁化要求时，可以采用偏心导体法进行磁化。需要依次将芯棒紧靠工件内壁放置在不同位置，以检测工件整个圆周，在工件圆周方向表面的有效磁化区为芯棒直径 d 的 4 倍，并应有不小于 10%的磁化重叠区。磁化规范的选择仍然按照表 1-4 计算，但是要注意的是工件的直径 D 要按照芯棒直径加两倍的壁厚之和计算，即 $D=d+2\times$壁厚。

（三）支杆法

支杆法磁化规范与使用的电流大小成正比，并随支杆间距和工件横截面厚度的改变而变化，连续法检验磁化规范的磁化电流按表 1-5 计算，支杆间距一般应为 75~250mm，两次磁化应有大约10%的有效磁化重叠区。支杆法易引起工件烧伤，应经主管部门批准后方可采用。

表1-5 支杆法磁化电流规范

板厚 T/mm	磁化电流计算		
	AC	HW	FWDC
<19	I取3.5L~4.5L	I取1.8L~2.3L	I取3.5L~4.5L
≥19	I取3.5L~4.5L	I取2L~3L	I取4L~4.5L
注：I为磁化电流，单位为安培（A）；L为两支杆间距，单位为毫米（mm）。			

三、纵向磁化规范

（一）线圈法磁化规范

线圈法产生的磁场平行于线圈的轴线。

1. 用连续法检测的线圈法磁化规范

线圈法的有效磁化区域是从线圈端部往外延伸150mm的范围，超过150mm之外区域，磁化强度应采用标准试片确定，当被检工件太长时，应进行分段磁化，且应有一定的重叠区，重叠区应不小于分段检测长度的10%。检测时，磁化电流应根据标准试片实测结果来确定。

线圈纵向磁化按线圈与工件横截面积的比率γ分作三种不同填充状态，这里γ定义为填充系数

$$\gamma=\frac{\text{线圈横截面积}}{\text{工件横截面积}}$$

（1）低填充线圈（$\gamma \geqslant 10$）

①当工件紧贴线圈内壁放置时，线圈的安匝数（NI）为

$$NI=\frac{45000}{L/D}(\pm 10\%) \tag{1-11}$$

式中：I为磁化电流值，单位为安培（A），交流电取有效值，全波整流电取平均值；N为线圈匝数；L/D为工件的长径比。

②当工件与线圈同心放置时，线圈的安匝数（NI）为

$$NI=\frac{1690R}{(6L/D)-5}(\pm 10\%) \tag{1-12}$$

式中：R为线圈的半径，mm。

（2）高填充或电缆缠绕线圈（$\gamma <2$）

$$NI=\frac{35000}{L/D+2}(\pm 10\%) \tag{1-13}$$

（3）中填充线圈（$2 \leqslant \gamma < 10$）

$$NI=(NI)_h\frac{10-\gamma}{8}+(NI)_l\frac{\gamma-2}{8} \tag{1-14}$$

式中：$(NI)_h$、$(NI)_l$分别是按式（1-13）、式（1-11）或式（1-12）计算出来的高、低填充时的安匝数。

计算磁化规范需要注意的是：

①填充系数 γ 的计算：无论工件是实心或空心，工件截面积为总的横截面积。

②关于 L/D 中直径 D

a. 若工件为实心件：形状为圆柱体时，D 为直径；若为其他形状，D 为横截面最大尺寸。

b. 若工件为空心圆筒形件，应采用有效直径计算

$$D_{eff}=\sqrt{D_0^2-D_i^2} \tag{1-15}$$

式中：D_0为圆筒外直径，单位为毫米（mm）；D_i为圆筒内直径，单位为毫米（mm）。

③L/D 的取值

a. 当（L/D）>2 时有效。

b. 当（L/D）≤2 时，应在工件两端连接与被检工件材料接近的磁极块（也叫延长块），使（L/D）>2 或采用标准试片实测来决定电流值。

c. 当（L/D）≥15 时，L/D 值仍按 15 计算。

2. 剩磁法线圈纵向磁化规范

当采用剩磁法纵向磁化检验时，考虑 L/D 的影响，空载线圈中心的磁场强度应满足表 1-6 中所列的要求。

表 1-6　剩磁法纵向磁化检验时空载线圈中心磁场强度

L/D 值	磁场强度/(kA/m)
2~5	≥28
5~10	≥20
>10	≥12

（二）*磁轭法磁化规范*

采用磁轭法磁化工件时，可采用标准试片检查其磁场强度是否符合要求，也可采用特斯拉计测量，其切向磁场应至少为 2.4kA/m。

任务4
制订航空构件的磁化方案

一、任务目标

针对不同的航空构件，制订合理的磁化方案。

二、任务过程

（一）制订磁化方案的步骤

1. 判断缺陷方位

根据检测对象受力特点和损伤规律，确定检测对象的检测部位、缺陷形式。

2. 选择磁化方法

根据缺陷方位，确定磁化场方向，尽量使磁场方向与缺陷方向垂直，并选用合适的磁化方法。

3. 选择磁化电流类型

根据缺陷在检测对象中的埋藏深度，确定磁化电流种类。

4. 确定磁化规范

根据检测对象的结构材质、磁化方法、磁化电流种类和检测灵敏度要求等，确定选用连续法还是剩磁法，并制定磁化规范。

（二）磁化方案的制订

根据指定的航空构件，填写表1–7。

表1–7　典型零部件磁化方案制订

工件名称	检测部位	缺陷方向	磁化方法	电流种类	检测方法（连续法/剩磁法）	磁化规范	
						磁化规范公式	磁化电流

【项目训练】

一、填空题

1. 磁粉检测时，表面裂纹适宜采用的磁化电流类型是________。

2. ________（选填“直流”或“交流”）电磁化的优点是比其他电流产生的磁化场渗入工件内部的深度大。

3. ________磁化方法可检查空心钢管件或环形件内外表面的轴向缺陷或端面的径向缺陷。

4. 用线圈法磁化工件时，应尽量把工件放在线圈________的位置进行磁化。

5. 由于________的存在，L/D 过小的工件不适宜用线圈法磁化，L/D 的有效范围是________。

二、简答题

1. 对比说明直流电与交流电在磁化时的优缺点。
2. 常用的磁化方法有哪些？并简述其适用范围。
3. 简述线圈法磁化时的注意事项。

三、案例题

结合任务 4，制订不同航空构件的磁化方案。

入门篇知识图谱

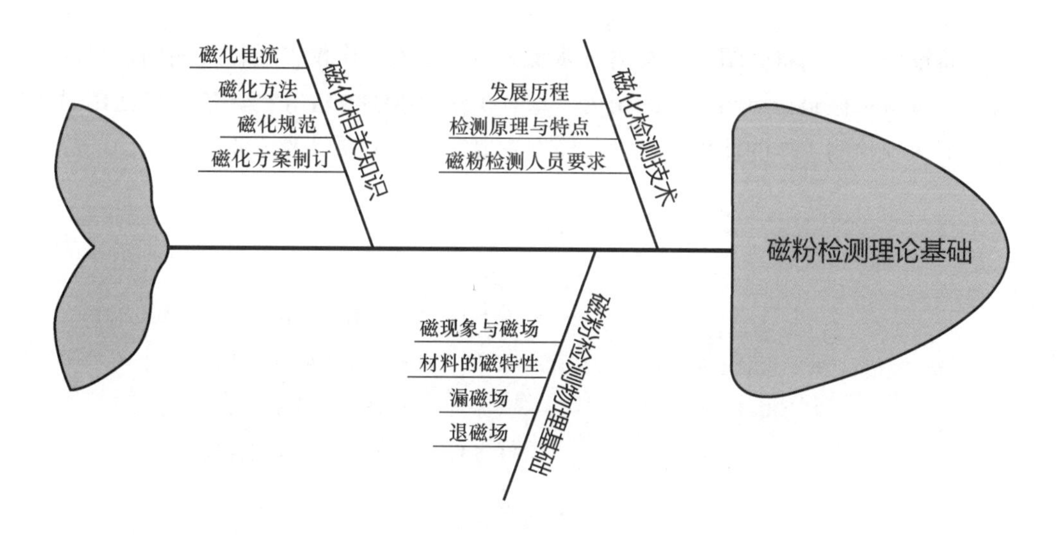

设备篇

磁粉检测设备

精益求精是品质精神的核心。所谓“精益求精”是指对于工作不满足于合格要求，坚持高标准、严要求，追求完美的品质。精益求精是优秀工匠必备的思想特质和行事准则。

在设备篇中，我们将介绍磁粉检测所涉及的各类磁粉探伤仪、耗材及辅助器材等。通过学习，大家将掌握磁粉检测设备的功用、基本操作及维护方法等，具备正确使用磁粉检测设备开展无损检测工作的能力。在设备篇中主要完成以下项目及任务的学习。

【任务导图】

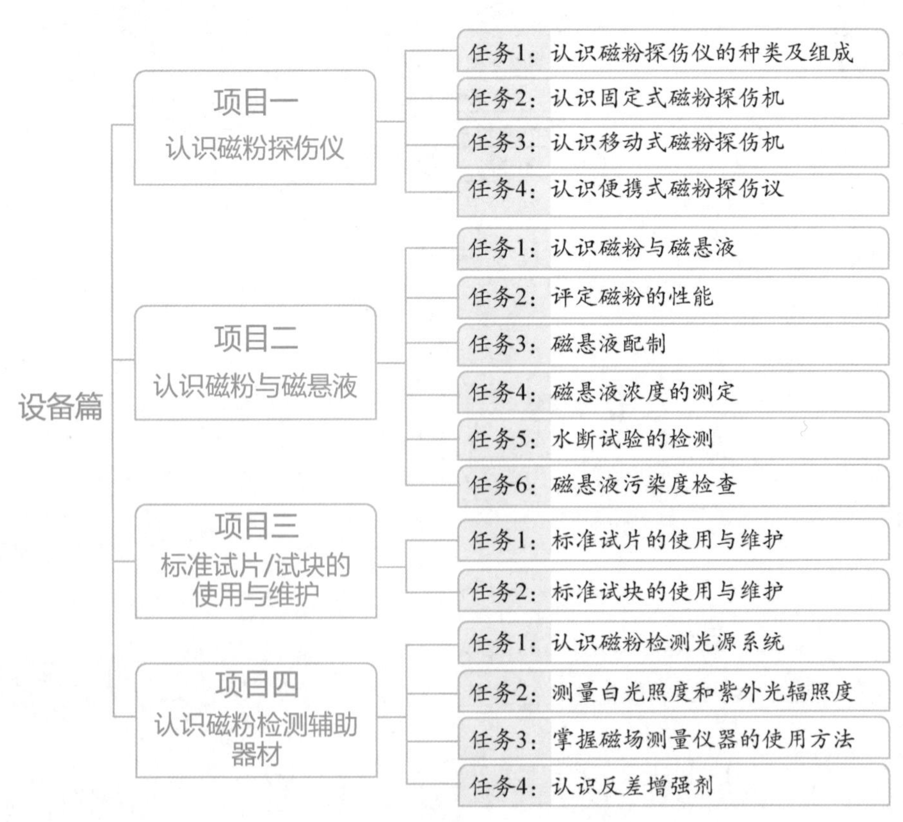

项目一：
认识磁粉探伤仪

【项目目标】

➢ 知识目标

1. 掌握磁粉探伤仪的功用及种类；
2. 掌握固定式磁粉探伤机的功能及适用范围；
3. 掌握移动式磁粉探伤机的功能及适用范围；
4. 掌握便携式磁粉探伤仪的功能及适用范围。

➢ 技能目标

1. 会操作及维护固定式磁粉探伤机；
2. 会操作及维护移动式磁粉探伤机；
3. 会操作及维护便携式磁粉探伤仪。

【项目描述】

磁粉检测设备通常被称为磁粉探伤仪，在磁粉检测过程中是产生磁场，对工件实施磁化并完成检测工作的专用装置。熟悉并会操作各型磁粉检测设备是开展磁粉检测工作的基本能力。本项目主要让大家掌握固定式磁粉探伤机、移动式磁粉探伤机、便携式磁粉探伤仪的功用、结构、分类及适用范围等知识，能够对磁粉检测设备进行基本的操作与维护。

【项目实施】

任务 1
认识磁粉探伤仪的种类与组成

磁粉检测设备通常称为磁粉探伤仪，是产生磁场，对工件实施磁化并完成检测工作的专用装置。

一、磁粉探伤仪的分类

磁粉探伤仪按照其重量和便携性可分为固定式、移动式和便携式三种。

（一）固定式磁粉探伤机

固定式磁粉探伤机，也称为卧式磁粉探伤机。它通常体积和重量都比较大，可以提供交流、直流、半波整流和全波整流等多种磁化电流，额定磁化电流一般为 1000～10000A。这类磁粉探伤机功能通常比较齐全，可以开展直接通电法、穿棒法、线圈法、感应电流法或复合磁化法等多种磁化方法，而且这类磁粉探伤机带有夹持工件的磁化夹头、放置工件的工作台、照明装置、退磁装置、磁悬液搅拌和喷淋装置等，可以实现连续法或剩磁法磁粉检测操作。

但是，固定式磁粉探伤机能检测的最大截面积受最大磁化电流和夹头中心高度限制，能检测的工件长度受最大夹头间距限制，通常适用于中小型工件的离位检测。

（二）移动式磁粉探伤机

移动式磁粉探伤机是一种可移动的、并能提供较大磁化电流的检测装置。这种设备可借助小车等运输工具在工作场地自由移动，体积、重量都远小于固定式设备，有良好的机动性和适应性。与固定式磁粉探伤机相比，移动式磁粉探伤机体积和重量都小得多，因此这类设备能提供的磁化电流也比固定式设备要小，通常为500~8000A。移动式磁粉探伤机的主要组成部分是磁化电源，可以提供交流和单相半波整流电的磁化电流，可以实现磁化和退磁功能。此外，此类设备还配有支杆、磁轭、固定式线圈、软电缆线等，可以进行支杆法、磁轭法、直接通电法、线圈法等多种磁化方法。移动式磁粉探伤机一般装有滚轮，可以移动到检测现场，对大型工件进行局部的原位检测。

（三）便携式磁粉探伤仪

便携式磁粉探伤仪体积小、重量轻，也称为手提式磁轭探伤仪。这种设备的机动性、适应性最强，可用于现场、高空和野外等各种现场作业，如飞机、火车、舰船等现场检测或大型工件的局部检测。

便携式磁粉探伤仪的类型较多，主要有以下三类。

1. 支杆型

磁化电源通过电缆与支杆相连，可采用局部磁化和绕电缆法磁化，功用与移动式基本相同，只是设备更为轻便，受体积限制，磁化电流较移动式小，限于1~2kA，常用于几百安电流范围。

2. 电磁轭型

便携式电磁轭，也称马蹄形电磁轭，将线圈缠绕在U形铁芯上，使用时磁轭置于工件上并给线圈通电，对工件实施局部磁化，要检测工件上不同方向的缺陷时采用在同一位置实施两次互相垂直的交叉换位磁化、检查的方法进行。磁轭两极的间距通常都是可调的，可以适应不同工件被检面的宽度。磁轭一般采用叠层钢片制成，磁极带活动关节。

电磁轭有直流、交流电励磁两种。电磁轭性能指标，可以用磁轭的磁势（即线圈的安匝数）表示，也可以用磁轭极间工件表面的磁场值表示。但通常都是以磁轭的提升力表示的，国军标规定，极间距为75~150mm时，直流磁化的提升力应大于177N，交流磁化的提升力应大于44N。磁轭检验的有效范围在磁极连线两侧各为磁极间距的1/4，磁轭每次移动的覆盖区应不少于25mm。

电磁轭设备小巧轻便，不会烧损工件，对工件表面没有通电法那样的要求，因此获得了广泛的应用，如各类焊缝的检测。在检测条件苛刻的环境中检验更能体现它的优越性，有文献报告，采用交流电磁轭，在水下成功地对带有漆层的船舶焊缝进行了检测，能检出长 13mm、宽 0.025mm、深 0.75mm 的裂纹。

3. 交叉磁轭型

对交叉磁轭的两组绕组分别通以幅值相同、相位差为 π/2 的工频交流电，在磁轭中心处的工件上会产生一个大小不变、方向随时间不断变化的圆形旋转磁场，可对工件实施复合磁化，发现各个方向上的缺陷。为方便连续检测，四个磁极上装有小滚轮，可在工件上方便地滚动。这种设备特别适合用于大型钢结构件的平面检查、平板焊缝的检查，如压力容器焊缝、船舶焊缝等。被检查过的表面随着磁轭的继续推进，有自动退磁的效果。

依据磁轭探伤仪的相关标准和规范要求，采用交叉磁轭装置时，激励磁动势一般不低于 1300AT[①]×2；四个磁极端面与探伤面之间的间隙不超过 1.5mm，跨越宽度不大于 100mm；用于连续行走探伤时速度要力求均匀，一般不大于 5mm/s；交叉磁轭至少应有 118N 的提升力（磁极与检测面间隙为 0.5mm）。

二、磁粉探伤仪的组成

无论是哪一种磁粉探伤仪，它们一般都包括以下几个主要部分：磁化电源、工件夹持装置、指示与控制装置、磁悬液施加装置、照明装置和退磁装置等。

（一）磁化电源

磁化电源是磁粉探伤仪的核心部分，它的作用是产生磁场，磁化工件。

磁粉探伤仪一般是通过调压器将不同大小的电压输送给主变压器，由主变压器提供一个低电压大电流输出，输出的交流电或整流电可以直接通过工件，或穿入工件内孔的导体棒，或线圈，对工件进行磁化。

（二）工件夹持装置

工件夹持装置主要指夹持工件的磁化夹头或触头。在固定式探伤机上，为了适应不同规格的工件，夹头的间距是可调的，并可用电动、手动或气动等多种形式进行调节。移动式探伤机一般使用支杆，通过将两个支杆与被测部位压紧来夹持工件，为了防止打火和烧伤工件，在磁化夹头或支杆上应加垫铜网，以利于增大接触面积。

便携式探伤仪是利用磁极直接对工件局部进行磁化，一般不需要夹持装置。

（三）指示与控制装置

指示装置是指示磁化电流大小的仪表和有关工作状态的指示灯，主要包括电流表、电压表等。电流表即安培表，分为直流电流表和交流电流表。交流电流表与互感器连接，测量交流磁化电流的有效值。直流电流表与分流器连接，测量直流磁化电流的平均值。

磁粉探伤机的控制装置是控制磁化电流产生和使用过程的电器装置的组合。随着机电一体化技术的发展和普及，已经可以实现磁粉探伤仪的半自动或自动检测。

（四）磁悬液施加装置

固定式磁粉探伤机的磁悬液施加装置由磁悬液槽、电动泵、软管和喷嘴组成，可用于

---

① AT 为安培匝，是安匝数的单位。

磁悬液的存储、搅拌、喷洒和回收等。

移动式和便携式磁粉探伤机上没有磁悬液施加装置，在湿法检测时，常采用喷壶或磁悬液喷灌喷洒磁悬液。

（五）照明装置

磁粉检测照明装置主要有白光灯和黑光灯。固定式磁粉探伤机一般都配置了相应的设备，以及用于荧光磁粉检测的暗室。而其他探伤机需要另行配备。

（六）退磁装置

退磁装置是为了除去被测工件剩磁的一种装置，应保证被磁化工件退磁后剩磁减少到不妨碍工件后续使用，一般要求不超过 0.3mT（即 3Gs）。固定式磁粉探伤机和移动式磁粉探伤机都具有退磁功能，而便携式磁粉探伤仪因体积小，通常没有退磁功能。

任务 2
认识固定式磁粉探伤机

固定式磁粉探伤机，通常固定在某个场合使用，其整机尺寸和重量都比较大。根据其使用范围可分为通用型和专用型，通用型使用范围广，专用型仅适用于批量大的一个或几个形状特殊工件，专用型常常设计成两个或两个以上磁场同时磁化工件的复合磁化（多向磁化）形式，以提高效率，降低检测成本。航空装备保障中应用的固定式磁粉探伤机以 CTW-6000 型智能磁粉探伤机为主，下面我们就以该型设备为例，介绍固定式磁粉探伤机的功能、组成及操作与维护。

一、设备的功能

CTW-6000 型智能磁粉探伤机用于完成航空兵部队所有现役飞机、发动机等铁磁性零部件的磁粉探伤。该磁粉探伤机为机电分开结构、多用途磁粉检测设备，可对中小型零部件的局部和整体进行直接通电法、中心导体穿棒法、线圈法等周向磁化和纵向磁化磁粉探伤及退磁。配置荧光灯和暗室，可进行荧光磁粉探伤，提高检测灵敏度。设备采用人机界面系统进行人机对话，通过单片机系统对磁化电流、磁化时间、退磁电流、磁化退磁时间等参数进行数字设定、数字显示、闭环控制、自动跟踪，磁化电流跟踪精度误差不大于 ±5%，避免电流调节的烦琐，提高电流显示精度，大大地提高了检测精度。

二、设备的组成

固定式智能磁粉探伤机由控制系统（见图 2-1）和主机（见图 2-2）两部分组成。设备的主机主要包括主机框架机构、固定电极箱机构、移动磁化系统、移动夹持系统、喷液及回收机构、磁化电源系统、退磁系统、触发系统等；控制系统包括设备控制面板、辅助操作面板和控制电路配电板。设备所有操作控制均由控制系统完成，探伤人员操作时通过人机界面系统完成对检测设备的控制与最终信息的显示，设备配有智能探伤和常规探伤操作软件，智能操作软件为操作人员提供了全中文的人机对话环境，将操作人员使用设备的步骤减少到最低程度。

图 2-1　探伤机控制系统

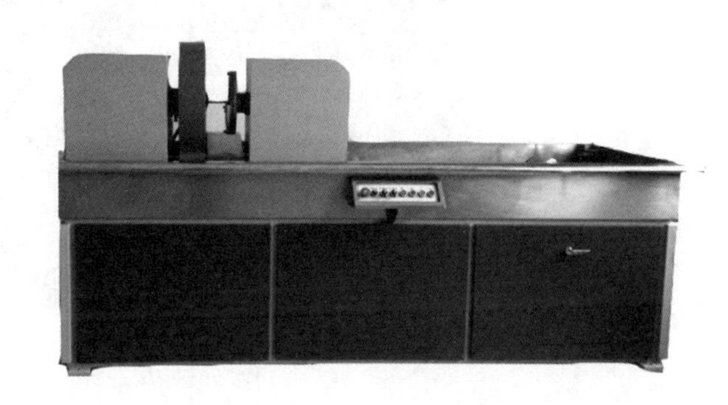

图 2-2　探伤机主机

三、设备的特点

1. 智能化程度高

该设备由智能探伤软件和常规探伤软件组成。探伤人员通过操作智能探伤软件，可以进入相应菜单，选择探伤机型和部位，即可调用相关探伤参数，不需要输入检测参数，且每一操作步骤均有中文提示和工艺帮助服务。

2. 磁化电流精度高、抗干扰能力强

采用单片机脉冲技术、智能控制技术、数字电路和 PID 跟踪技术，磁化电流精度高、抗干扰能力强。

3. 剩磁稳定

利用改变可控硅导通角来调整主电路输出电流的大小，磁化电流连续可调，并具有断电相位控制功能，既可用于连续法探伤，又可用于剩磁法探伤，且剩磁稳定度高。

4. 操作简单

采用人机界面系统进行人机对话，通过单片机系统对磁化电流、磁化时间、退磁电流、磁化退磁时间等参数进行数字设定和数字显示，避免电流调节的烦琐。

5. 维护方便

模块化设计，方便操作维护。

四、设备的基本操作

该设备具有智能探伤和常规探伤两种模式，下面介绍这两种模式下的基本操作。

（一）智能模式的基本操作——以某型飞机的主起落架连接螺栓为例

第一步：打开设备电源。

第二步：待设备开机进入工作状态后，设备对内置计算机进行自检，自检完毕后，出现欢迎界面，如图 2-3 所示。

图 2-3　欢迎界面

第三步：在欢迎界面上点击任意位置，即出现系统探伤模式选择界面，选择“智能探伤”模式，如图 2-4 所示。

图 2-4　系统探伤模式选择界面

第四步：在智能探伤界面，选择检测机型，如图 2-5 所示。

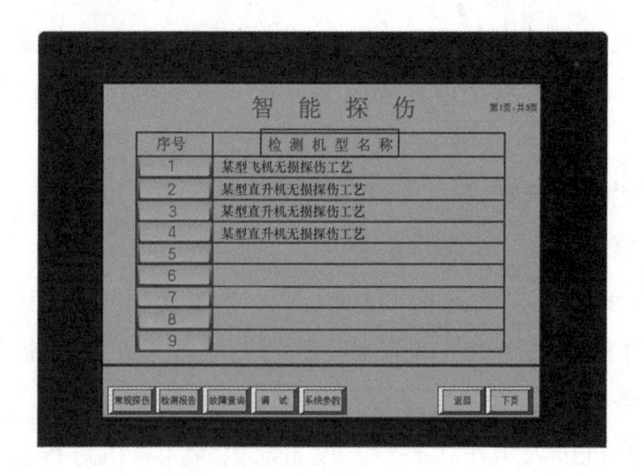

图 2-5　选择检测机型

第五步：在“检测工件名称”栏选择检测部位，如图 2-6 所示。

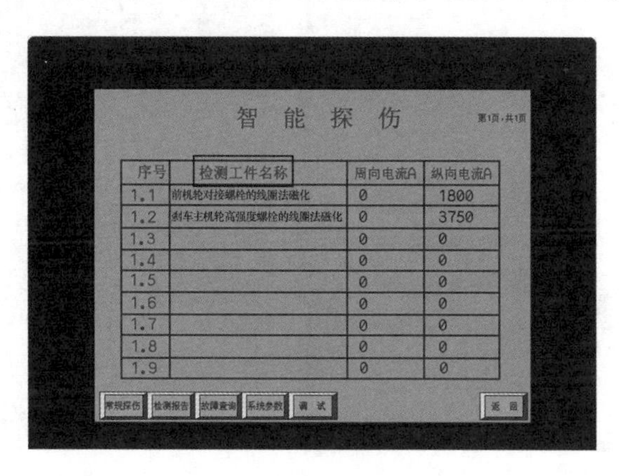

序号	检测工件名称	周向电流A	纵向电流A
1.1	前机轮对接螺栓的线圈法磁化	0	1800
1.2	刹车主机轮高强度螺栓的线圈法磁化	0	3750
1.3		0	0
1.4		0	0
1.5		0	0
1.6		0	0
1.7		0	0
1.8		0	0
1.9		0	0

图 2-6　选择检测部位

第六步：将被检测工件正确放入设备，使预检缺陷扩展方向与线圈轴线方向垂直。

第七步：点击“磁化”按钮，对工件实施磁化，如图 2-7 所示。

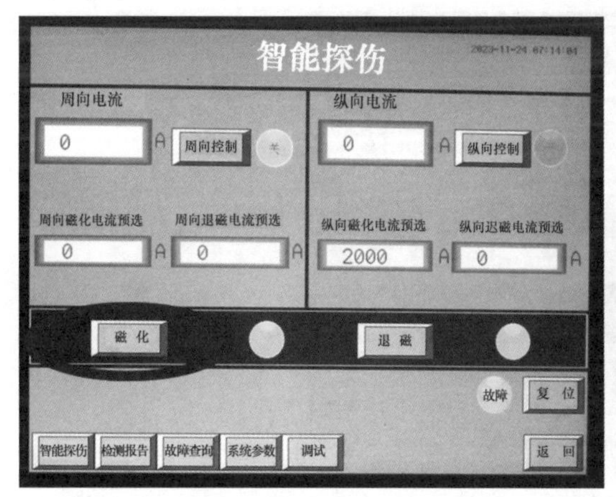

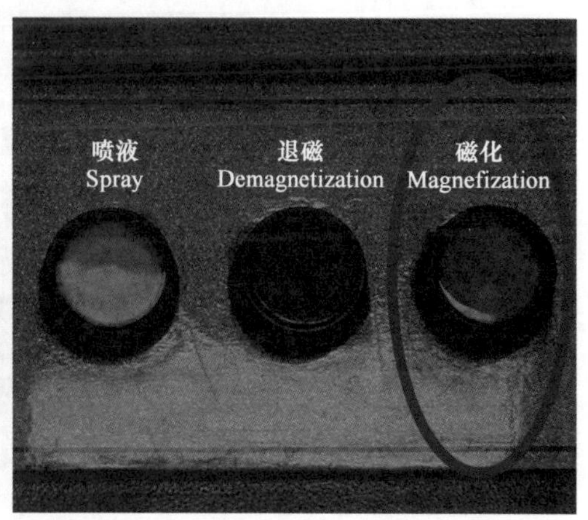

图 2-7　“磁化”按钮

第八步：对工件进行检测。

第九步：点击“退磁”按钮，对工件实施退磁，如图 2-8 所示。

（二）常规模式的基本操作——以某型飞机的主起落架连接螺栓为例

第一步：打开设备电源。

第二步：待设备开机进入工作状态后，设备对内置计算机进行自检，自检完毕后，出现欢迎界面。

第三步：在欢迎界面上点击任意位置，即出现系统探伤模式选择界面，选择“常规探伤”模式。

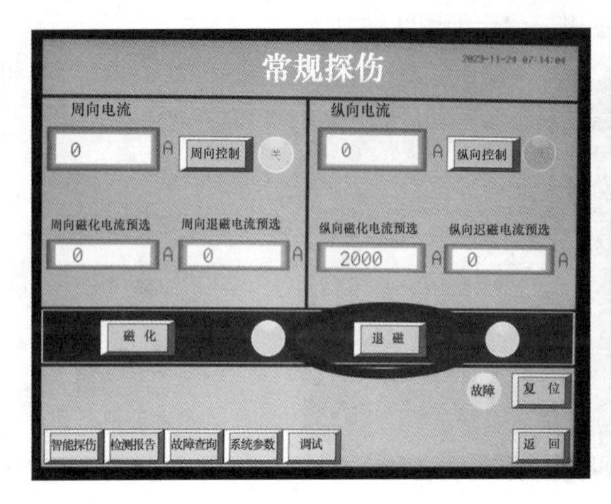

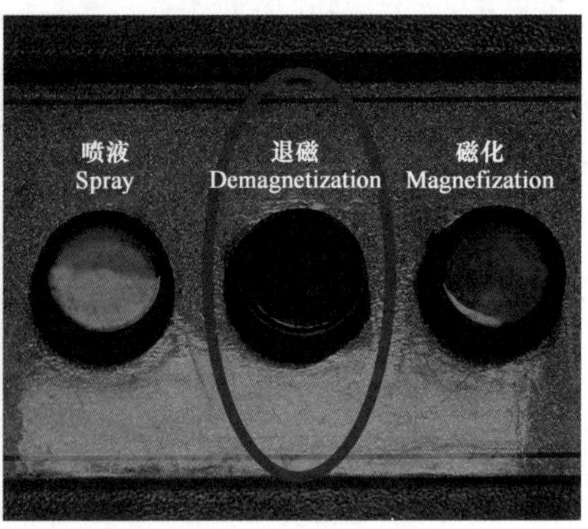

图 2-8 “退磁”按钮

第四步：输入磁化电流预选值。例如，输入“纵向磁化电流预选”值 1200A，如图 2-9 所示。

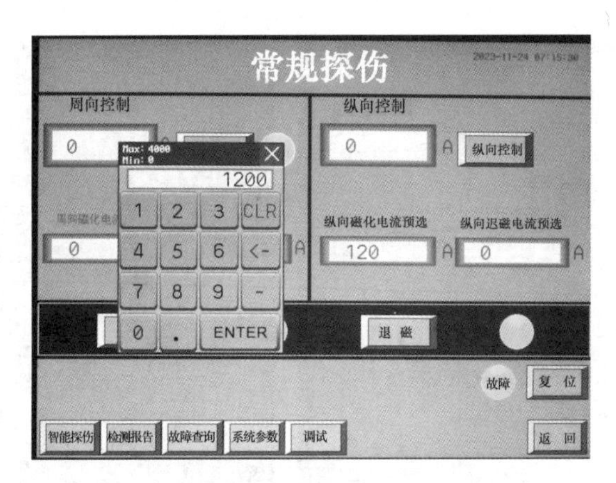

图 2-9 输入磁化电流预选值

第五步：打开磁化控制开关。例如，点击“纵向控制”按钮，打开纵向磁化功能，如图 2-10 所示。

第六步：将被检测工件正确放入设备中。

第七步：点击“磁化”按钮，对工件实施磁化。

第八步：对工件进行检测。

第九步：输入退磁电流预选值，点击“退磁”按钮，对工件实施退磁。例如，输入“纵向退磁电流预选”值 1200A，点击“退磁”按钮，进行退磁。

（三）操作注意事项

固定式探伤设备在安装和使用过程中，要注意以下事项：

1. 设备应在清洁干燥、无腐蚀性气体、通风良好的环境中放置与使用。

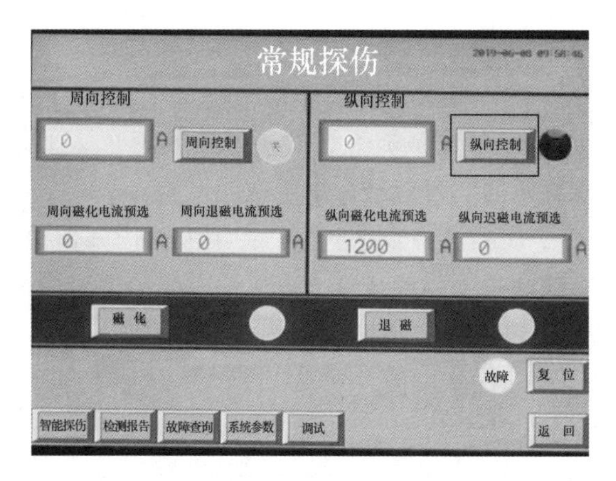

图 2-10　打开磁化控制开关

2. 设备的周围不应有产生强电磁干扰的设施存在。

3. 使用指定的电源类型。

4. 设备连接电源时，谨记将接电桩头与设备接电线锁死。

5. 如使用其他电源线，其负载应不小于随机配备电源线的安培数。

6. 在进行通电法和穿棒法时，要在两电极端加装铜网，以增大接触面积防止打火，烧伤工件。

7. 外部设备与设备连接时，须断电连接后再通电操作。

8. 设备的操作使用与维修应由专人负责，勿擅自拆装设备。

此外，CTW-6000 型智能磁粉探伤机具有打印功能。探伤结束后，如果有必要可以通过硬件接口和打印机连线，将保存的结果通过检测报告打印出来，为以后的探伤分析留下依据。

磁粉检测报告可以通过打印机打印出来，除了被检部位、检测时机、检验方法、磁化方法和检验结论需要探伤人员自己填写外，其余的一些参数由探伤机自动生成，为探伤人员分析探伤结果提供了依据，更加完善了设备的智能化，使用起来非常方便。磁粉检测报告打印界面如图 2-11 所示。

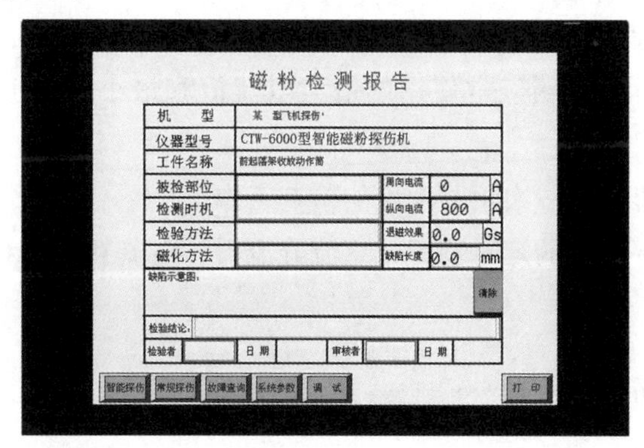

图 2-11　磁粉检测报告打印界面

五、设备的维护与保养

（一）每日维护与保养

1. 在每次工作前，应至少对检测系统进行一次性能试验。在设备初次使用前、故障维修后或检测过程中出现异常时，也应进行系统性能试验；

2. 设备每次使用完毕，切断设备磁化电源，将集液斗内残留磁粉冲入磁悬液储液箱，切断外部电源。擦干净直线轨道上的磁悬液，再用油布擦一遍形成油膜保护。

3. 每班工作前后应对设备进行清洁打扫。

4. 每日工作结束后，应关闭总电源。

（二）定期维护与保养

1. 对储液箱中磁悬液要定期检查，过滤网应定期进行清洗。

2. 应定期检查润滑件，保持良好的润滑。

3. 经常检查磁悬液喷嘴并清除杂质，检查喷液阀门并清除阀体内杂质。

4. 定期检查保护接地装置，保持接地良好。

5. 纵向磁化线圈应保持清洁，不可将杂质黏于线圈间隙中。

6. 定期（每月）对设备进行全面的保养，用中性清洁剂擦拭，清洗油槽、滤网、管道、喷头，清理沉淀杂质，擦净液压系统、油路上的灰尘、油污 ，保持设备的清洁。

7. 定期（每两月）检查设备的各导套、丝杠、滚轮、齿轮、链条、减速机等机械传动部分的润滑；检查是否有螺栓松动，检查齿轮间隙、链条松紧调整等。

8. 设备的轴承均采用锂基润滑脂，应每六个月补充一次。

9. 定期（每季度）对电气控制柜、主机柜内的灰尘进行清理，保证各个元器件的清洁、干燥，电气性能良好。

10. 经常对各种机构进行可靠性检查，如行程开关、检测开关、接插件等性能是否良好，紧固件是否松动，若有异常及时处理好。

11. 经常检查设备外露线路管、拖链关节处、各方面的绝缘性能，设备外壳必须可靠接地，若湿度大要保持室内通风。

（三）探伤机的性能校验

1. 探伤机上应挂标签标明经常使用的最大电流值和最小电流值，且每月对探伤机进行一次电流载荷试验。

2. 每月应对探伤机进行一次短路现象的检查工作。

3. 每六个月应对探伤机的定时装置、直流分流器、电流互感器和电流表进行校验。

任务 3

认识移动式磁粉探伤机

移动式磁粉探伤机受体积、重量的限制，能提供的磁化电流要比固定式磁粉探伤机小，常用的一般在 500~8000A 范围。航空装备保障中应用的移动式磁粉探伤机以 CED-

2000 型磁粉探伤机为主，可用于完成航空兵部队所有现役飞机、发动机铁磁性零部件的现场检测或大型工件的局部检测。

一、设备的功能

航空装备保障中，由于被检零件的几何形状和结构复杂，工件中的缺陷可能有各种方向，有的很难预计，为了保证磁粉检测的灵敏度，磁化场方向应尽可能与被检缺陷垂直，为了发现不同方向的缺陷，需要不同的磁化方法，以便于在工件中建立不同方向的磁场。根据飞机发动机零件的检测要求，常用的周向磁化方法有直接通电法、中心导体法、支杆法，常用的纵向磁化方法有线圈法、磁轭法，设备控制电路采用可编程序控制器（PLC）和集成时序逻辑电路控制，具有交流磁化、自动衰减退磁功能，可对工件进行周向纵向交流复合磁化及退磁。

二、设备的组成

CED-2000 型磁粉探伤机包括以下几个主要部分：主机（磁化电源）、固定式线圈、磁轭、支杆等，如图 2-12 所示。

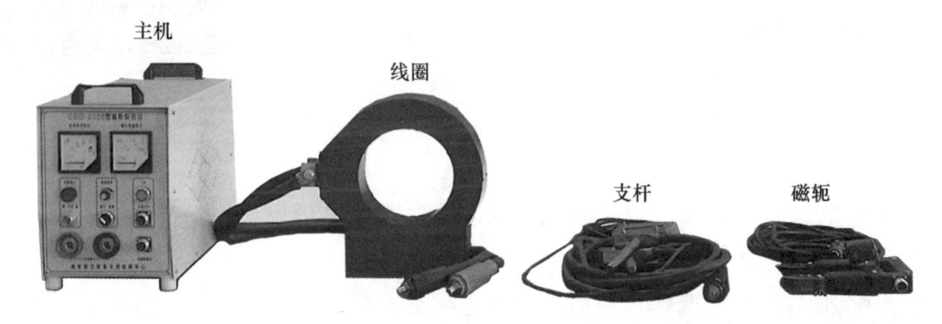

图 2-12　设备的结构组成

设备的主机（磁化电源）把市网高电压小电流变换成适合磁粉探伤检测的低电压大电流供支杆、线圈、磁轭对零件进行磁化，若工件表面及近表面存在裂纹等缺陷，就会在缺陷部位形成漏磁场，漏磁场吸附磁粉形成磁痕，从而提供缺陷显示。

三、设备的特点

1. 小型化

设备体积小、重量轻、操作简单，辅助设备齐全，原位检测方便。

2. 多功能

设备集多项磁化功能于一体，既有支杆式通电磁化又有磁轭式磁化，还有线圈式磁化，方便了外场使用。

3. 剩磁稳定度高

磁化电流连续可调，交流磁化具有断电相位控制功能，既可用于连续法探伤，又可用于单方向磁化时的剩磁法探伤，且剩磁稳定度高。

4. 灵敏度高

设备设计了荧光检测装置，提高了检测灵敏度。

5. 维修方便

设备具有较高的可靠性，采取模块化设计，具有较好的维修性。

四、设备的基本操作

该设备具有多种磁化功能，下面我们先认识设备控制面板的各按钮功能，再依次介绍不同磁化功能的操作流程。

（一）设备的控制面板

设备的控制面板如图 2-13 所示，主要是通过各种旋钮和指示灯控制和指示设备的各项功能，具体包括以下 7 个部分：

1. 电源断/通旋钮和电源指示灯；
2. 磁化/退磁旋钮和电流调节旋钮；
3. 工作按钮和外接开关接头；
4. 交流输出端口；
5. 电磁轭输出端口；
6. 电流预存指示装置；
7. 磁化电流指示装置。

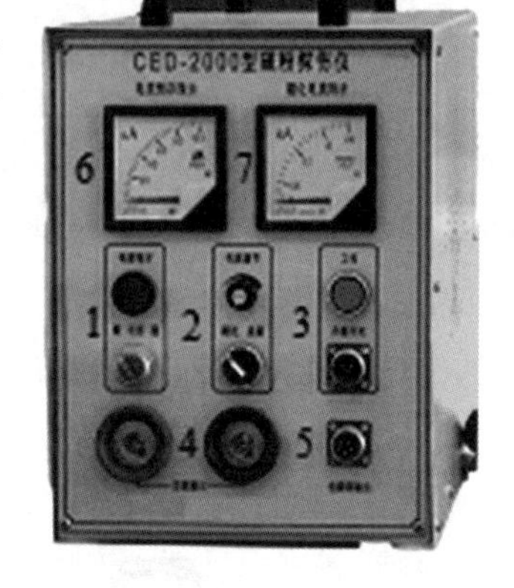

图 2-13 设备的控制面板

（二）磁化操作

第一步：将支杆输入电缆接头分别连接设备交流输出接头。

第二步：打开电源开关，设备通电，电源指示灯亮。

第三步：把工作方式选择开关切换到磁化状态。

第四步：根据工件磁化工艺，设定一个交流磁化电流预选数值。

第五步：在支杆和工件之间垫上铜网并夹紧，按下“磁化”按钮开关，工件周向交流磁化。（注意：预选表电流数可能与实际值有偏差。）

第六步：对工件进行检测。

第七步：退磁。把工作方式选择开关切换到退磁状态，在支杆和工件之间垫上铜网并夹紧，按下“退磁”按钮开关，对工件进行退磁。（注意：退磁电流数不得小于磁化电流数。）

（三）线圈法磁化操作

第一步：将线圈输入电缆接头分别连接设备交流输出接头。

第二步：打开电源开关，设备通电，电源指示灯亮。

第三步：把工作方式选择开关切换到磁化状态。

第四步：根据工件磁化工艺，设定一个交流磁化电流预选数值。

第五步：将工件放入线圈并紧贴线圈内壁放置，按下“磁化”按钮开关，工件纵向交流磁化。（注意：预选表电流数可能与实际值有偏差。）

第六步：对工件进行检测。

第七步：退磁。把工作方式选择开关切换到退磁状态，将工件放入线圈内，按下“退磁”按钮，对工件进行退磁。(注意：退磁电流数不得小于磁化电流数。)

(四) 磁轭法磁化操作

第一步：将磁轭输入电缆接头连接设备电磁轭输出接头。

第二步：打开电源开关，设备通电，电源指示灯亮。

第三步：把工作方式选择开关切换到磁化状态。

第四步：将磁轭两极紧贴工件放置，并使磁轭两极连线尽可能与裂纹方向垂直，按下磁轭手柄上“磁化”按钮，工件纵向交流磁化。

第五步：对工件进行检测。

第六步：退磁。按下磁轭手柄上“退磁”按钮，对工件进行退磁。

(五) 操作注意事项

移动式探伤设备在安装和使用过程中，要注意以下事项：

1. 设备应在清洁干燥、无腐蚀性气体、通风良好的环境中放置与使用。

2. 设备的周围不应有产生强电磁干扰的设施存在。

3. 使用指定的电源类型。

4. 不要在插头连接松弛的地方使用电源。

5. 如使用其他电源线，其负载应不小于随机配备电源线的安培数。

6. 使用支杆通电磁化时，应与工件保持良好接触。

7. 设备的操作使用与维修应有专人负责，勿擅自拆装设备。

五、设备的维护与保养

(一) 每日维护与保养

1. 在每次工作前，应至少对检测系统进行一次性能试验。在设备初次使用前、故障维修后或检测过程中出现异常时，也应进行系统性能试验。

2. 设备每次使用完毕，将磁化电流预选值设置为0A，关闭磁化电源，切断外部电源。

3. 每班工作前后应对设备进行清洁打扫。

4. 每日工作结束后，应关闭总电源。

(二) 定期维护与保养

1. 设备应存放在干燥清洁的地方，避免强烈振动。

2. 设备长时间不工作时，应定期通电，每月至少一次。

(三) 探伤机的性能校验

1. 探伤机上应挂标签标明经常使用的最大电流值和最小电流值，且每月对探伤机进行一次电流载荷试验。

2. 每月应对探伤机进行一次短路现象的检查工作。

3. 每六个月应对探伤机的定时装置、直流分流器、电流互感器和电流表进行校验。

任务 4
认识便携式磁粉探伤仪

便携式磁粉探伤仪，额定磁化电流一般为500~2000A。这种设备的机动性、适应性最强，可用于各种现场作业，如锅炉、压力容器的内、外探伤，飞机、航空起降系统的现场维护检查，立体管道的检查，乃至高空、水下作业等。

航空装备保障中，应用的便携式磁粉探伤仪以CEE-Q1型手持式智能磁轭探伤仪为主，可用于完成航空兵部队所有现役飞机、发动机、航空起降系统铁磁性零部件的现场检测或大型工件的局部检测。

一、设备的功能

CEE-Q1型手持式智能磁轭探伤仪，是利用磁轭对铁磁性材料制成的工件进行磁化的轻便微型磁粉探伤设备，能对各种形状的零件实现交流和直流磁化及退磁，设备具有荧光和白光照明，可实现荧光磁粉检测。

二、设备的组成

手持式磁轭探伤仪主要由铁芯、控制板、磁化板、电源板、电池、灯、外壳组成，如图2-14所示。磁化铁芯安装在控制板和磁化板之间，上方是电源板和电池，各部位安装在外壳内。该磁粉探伤装置小巧、轻便，装置自带电源，不用外接电源，不用连接线。自动磁化与开关磁化两用，在自动磁化状态下，接触到工件后自动磁化，不用按开关。

图2-14 手持式磁轭探伤仪

三、设备的特点

1. 便携性好

电池与磁轭一体化，无须连接线，无须携带电池，体积小、重量轻，使用方便。

2. 具有智能识别磁化功能

设备具有自动识别及控制功能，能够智能识别磁化，接触工件时自动磁化，离开工件磁化停止，无须按钮，操作更简单。

3. 具有自动退磁功能

设备具有自动退磁功能。当选择设备的“退磁”功能时，点击工作按钮，设备自动退磁。操作者无须移动设备。

4. 提升力稳定

提升力和灵敏度不受电池电量的影响。

5. 具有多种检测功能

设备采用具有高亮度 LED 照明光源，通过选择白光和荧光光源，可以实现荧光磁粉检测和非荧光磁粉检测。

四、设备的基本操作

第一步：安装电池

将电池与滑槽对好后，顺着滑槽方向往前推动，听见电池阀发出“嗒”声后，安装完成。若想更换电池，按下磁轭一侧的电池阀，往外侧推动电池即可取下。

第二步：检测

将两磁极放在被检测工件的表面，并施加一定压力使两磁极与被检测物良好接触。按下“开机”按钮，再按“磁化”按钮，松开，磁化结束。在打开磁轭开关的状态下，将磁粉或磁悬液施加于被检测工件表面（干、湿、荧光磁粉均可）。

若被检表面过宽，应分段磁化，且两次磁化的有效部位须有 10%的重叠区。磁轭触头具有活动关节，两磁轭触头间的距离可在 10~200mm 间调节。

第三步：退磁

选择控制面板上的“退磁”功能键，按下磁轭手柄上按钮开关，设备对工件进行自动退磁，操作者无须移动设备。

五、设备的维护与保养

（一）每日维护与保养

1. 不要在开机状态下拔插电池。

2. 应避免雨水及磁悬液等液体渗入内部。

3. 设备按键是人机对话的媒介，使用时不宜用力过猛或用金属工件敲击，会严重影响使用寿命。

4. 设备每次使用完毕，应用干净棉纱擦干净油污；使用时应确保磁轭触头端面与工件保持良好的接触后，才能按下磁轭磁化开关。

（二）定期维护与保养

1. 活动关节部位应定期润滑和防锈。

2. 设备长期不用时，应每个月给电池充电和通电一次，以免元件受潮，影响设备的性能。

3. 使用设备配置专用充电器对设备内锂电池组进行充电，红灯表示锂电池组为充电状态，绿灯表示锂电池组已充满。

4. 锂电池组应尽量在室内进行充电操作，避免在室外进行充电，以免发生意外。

5. 锂电池组搭配的电源适配器只能给锂电池组内部的锂电池充电，严禁作他用。

【项目训练】

一、填空题

1. 磁粉探伤仪按照重量和便携性，可分为________、________、________。

2. 依据国军标规定，直流电磁轭的提升力应大于________，交流电磁轭的提升力应大于________。

3. 固定式磁粉探伤机能检测的最大截面积受________和________限制，能检测的工件长度受________限制，通常适用于________的________检测。

4. 移动式磁粉探伤机是一种可移动的、并能提供较大磁化电流的检测装置，可以进行________、________、________、________等多种磁化方法。

5. 便携式磁粉探伤仪体积小，重量轻，也称为________，可用于________检测或________检测。

二、简答题

总结出不同类型磁粉探伤设备的功能、结构、特点和适用范围。

项目二：
认识磁粉与磁悬液

【项目目标】

➢ 知识目标

1. 认识磁粉的功用及分类；
2. 知道磁粉检测所用磁粉的性能要求；
3. 认识磁悬液的种类及成分；
4. 知道磁悬液的浓度标准。

➢ 技能目标

1. 能合理选用磁粉或磁悬液；
2. 掌握磁悬液浓度的测试方法。

【项目描述】

磁粉和磁悬液是磁粉检测中必不可少的检测耗材，了解磁粉和磁悬液的种类，熟悉磁粉和磁悬液的性能特点并能进行性能检测是开展磁粉检测工作的基本要求。本项目主要让大家掌握磁粉的种类和应用范围，能够正确选用磁粉或者配制磁悬液并对其基本性能进行检验，为磁粉检测的操作奠定理论基础。

【项目实施】

任务 1
认识磁粉与磁悬液

磁粉和磁悬液是显示缺陷的重要手段，被检测人员称为“磁场传感器”。磁粉质量的优劣和选择是否恰当，将直接影响磁粉检测的结果。探伤用的磁粉是一种粉末状的铁磁性物质，有一定大小、形状、颜色和较高磁导率。磁粉是磁粉探伤中的漏磁场检测材料，它能够反映出工件上材料非连续处的漏磁场情况，并能直观清晰地显示出缺陷的大小和位置。

一、磁粉

磁粉的种类很多，按适用的磁痕观察方式，磁粉分为荧光磁粉和非荧光磁粉；按适用的施加方式，磁粉分为湿法用磁粉和干法用磁粉。

（一）磁粉的种类

1. 非荧光磁粉

非荧光磁粉是一种在可见光（白光）下进行磁痕观察的磁粉。常用的有四氧化三铁（Fe_3O_4）黑磁粉、γ 三氧化二铁（γ-Fe_2O_3）红褐色磁粉、蓝磁粉和白磁粉。

按使用情况，非荧光磁粉又有干式磁粉和湿式磁粉之分。干式磁粉是一种直接喷洒在被检工件表面进行检测用的磁粉，适用于干法检验。湿式磁粉在使用时应以油或水作分散剂，配制成磁悬液后使用，适用于湿法检验。黑色和红褐色磁粉既适用于湿法，又适用于干法；以工业纯铁粉等为原料，用黏合剂包覆制成的白磁粉或经氧化处理的蓝磁粉等非荧光彩色磁粉只适用于干法。

2. 荧光磁粉

荧光磁粉是一种在紫外线（黑光）照射下进行磁痕观察的磁粉。它是以磁性氧化铁粉、工业纯铁粉、羰基铁粉等为核心，在铁粉外面用环氧树脂黏附一层荧光染料或将荧光染料化学处理在铁粉表面制作而成的。在紫外光的照射下，能发出波长 510~550nm（为人眼接受的最敏感、最鲜明）的黄绿色荧光，与工件表面颜色形成很高的对比度。荧光磁粉具有很高的检测灵敏度，可见度和与工件表面的对比度都远大于非荧光磁粉，容易观察，能提高检测速度，使用范围也很广泛。但荧光磁粉多用于湿法检验。

3. 特种磁粉

为了便于现场检验使用，目前商品化的磁粉还有空心球形磁粉、高温磁粉等特种磁粉。球形空心磁粉有黑色空心球形磁粉、彩色中空球形磁粉，它们是铁铬铝的复合氧化物，如 JCM 系列空心球形磁粉，其密度为 0.7~2.3g/cm^3，在高温下不氧化，400℃下仍能使用，适用于干粉法磁粉检测。高温磁粉也只适用于干粉法磁粉检测，它是在纯铁中添加铬、铝和硅制成的，可用于 300~400℃下的磁粉检测，它能长时间附着在高温零件上而不变质。

磁粉一般都以干粉状态供货，但用于湿法使用的磁粉也有以磁膏（膏状磁粉）或浓缩磁悬液形式出售的，使用时应按比例进行稀释。

（二）磁粉的性能

磁粉检测是利用磁粉聚集来显示缺陷的漏磁场的，因此磁粉性能的好坏与磁粉检测的结果密切相关。

1. 磁性

磁粉的磁特性与磁粉被漏磁场吸附形成磁痕的能力有关。磁粉应具有高磁导率、低矫顽力和低剩磁的特性。高的磁导率，使磁粉容易被缺陷产生的微小漏磁场磁化和吸附，易于形成磁痕；低的剩磁和低的矫顽力，使磁粉容易分散和流动，不会在外加磁场作用下凝聚成团，造成过度背景。

2. 粒度

磁粉颗粒的大小称为磁粉的粒度。粒度大小对磁粉的悬浮性、分散性和被漏磁场吸附的难易程度有很大的影响。

在湿法检测时，宜选用粒度细小的磁粉，因为细磁粉悬浮性好，容易被小缺陷产生的微弱漏磁场磁化和吸附，形成磁痕显示，定位准确。干法检测一般选用粒度较大的磁粉，这类磁粉容易在空气中分散开，也容易搭接跨过大的缺陷形成磁痕显示，并减小粉尘的影响。

在实际应用中，应考虑缺陷的性质、尺寸、埋藏深度及磁粉的施加方式来选择适当的磁粉粒度。对于干法用磁粉，粒度范围为 10～50μm，最大不超过 150μm，一般推荐用 80～160 目的粗磁粉。对于湿法用的黑色磁粉和红褐色磁粉，粒度宜采用 5～10μm，一般推荐用 300～400 目的细磁粉。粒度超过 50μm 的磁粉，不能用于湿法检测。

3. 形状

磁粉的形状对磁痕的形成具有较大的影响。一般来说，条形磁粉（长径比大）较容易被磁化并形成磁极，因此容易被漏磁场吸附，有利于检测大缺陷和近表面缺陷，但条形磁粉流动性不好，磁粉严重聚集还会导致灵敏度下降。球形磁粉具有良好的流动性，但由于退磁场的影响不容易被漏磁场磁化。为了使磁粉既有良好的磁吸附性能，又有良好的流动性，所以理想磁粉应由一定比例的条形、球形或其他形状的磁粉混合在一起使用。

4. 密度

单位体积的磁粉质量称为磁粉密度。磁粉的密度对磁粉的磁性、悬浮性、流动性有影响。密度大，磁性强，悬浮性差，流动性也不好。湿法用黑色磁粉和红褐色磁粉的密度约为 4.5g/cm^3，干法用纯铁粉的密度约为 8g/cm^3，空心球形磁粉的密度为 0.7～2.3g/cm^3，荧光磁粉的密度除了与采用的铁粉原料有关，还与磁粉、荧光染料和黏结剂的配比有关。

此外，磁粉还有色泽、对比度、流动性等方面的性能要求。

二、磁悬液

把磁粉和载液按一定比例均匀混合而成的悬浮液体称为磁悬液，用来悬浮磁粉的液体称为载液或载体，也称为分散介质或分散剂。

（一）磁悬液的种类

按分散剂的种类分类，常用的有以油基载液（配制成油基磁悬液）、水基载液（配制成水基磁悬液）和非荧光磁粉的有机溶液为载体的磁悬液等。

按磁粉的种类分类有荧光磁悬液（油基或水基）和非荧光磁悬液（油基或水基）。

1. 水基磁悬液

水基磁悬液（也称为水磁悬液）的载液以水为基本液体，但是水不能单独作为载液使用，除了加入作为磁性介质的磁粉外，还需要加入适当的添加剂，比如润湿剂、防锈剂等。

润湿剂：保证水基载液对被检零件表面具有合适的润湿性，有利于在零件表面润湿铺展和均匀流动，润湿性能可用水断试验评价。

防锈剂（防腐蚀剂）：避免被检零件锈蚀。

必要时还应加入消泡剂：排除磁悬液中的气泡，防止因气泡阻隔磁粉在漏磁场处的吸附聚集。

水基磁悬液的优点是，与油基磁悬液相比具有较高的检测灵敏度（黏度小，在被检零件表面流动快，有利于快速检验），不燃、来源广、价格低廉。缺点主要是可能使操作人员发生触电或电击的情况，不适用于在水中浸泡可能引起氢脆或腐蚀的某些高强度钢和金属材料（如精加工的某些轴承、轴承套等），容易导致零件发生锈蚀，使用后需要进行防锈处理等。

2. 油基磁悬液

磁粉检测用油基载液一般使用高闪点、低黏度、无荧光和无臭味的煤油，也可以使用变压器油或变压器油与煤油的混合液作为载液。但需要强调的是绝对不允许使用低闪点的煤油载液；此外，由于变压器油在紫外光照射下会发出荧光，因此在配制荧光磁悬液时不得使用变压器油及其混合物作为载液。

油基磁悬液（也称为油磁悬液）的优点是适合检查带油的零件表面，适用于在水中浸泡可能引起氢脆或腐蚀的某些高强度钢和金属材料。缺点主要是易燃、检验速度较水基磁悬液慢，检测灵敏度也较低于水基磁悬液，成本较高，检测后的清理较困难，但是却具有适当的防锈功能。

磁粉检测中，对于严格防止腐蚀的某些钢铁合金优先采用油基磁悬液。

（二）磁悬液的浓度

磁悬液的浓度通常用配制浓度和沉淀浓度来表征。其中，配制浓度（g/L）是指每升磁悬液中所含磁粉的质量；沉淀浓度（mL/100mL）是指每 100mL 磁悬液沉淀出磁粉的体积。

磁悬液浓度对显示缺陷的灵敏度影响很大，浓度不同，检测灵敏度也不同。浓度太低，影响漏磁场对磁粉的吸附量，磁痕不清晰，会使缺陷漏检；浓度太高，工件表面会滞留很多磁粉，形成过度背景，甚至会掩盖相关显示。所以国内、外标准都对磁悬液浓度范围进行了严格限制。

GJB 2028A—2019《磁粉检测》规定：非荧光磁悬液的参考配制浓度为 10~25g/L，沉淀浓度为 1. 0~2. 4mL/100mL；荧光磁悬液的参考配制浓度为 0. 5~2. 0g/L，沉淀浓度为 0. 1~0. 4mL/100mL，最佳沉淀浓度为 0. 15~0. 25mL/100mL。而对于特种装置的磁粉检测，依据 NB/T 47013. 4—2015《承压设备无损检测　第 4 部分：磁粉检测》标准规定：非荧光磁悬液的配制浓度为 10~25g/L，沉淀浓度（含固体量）为 1. 2~2. 4mL/100mL；荧光磁悬液的配制浓度为 0. 5~3. 0g/L，沉淀浓度（含固体量）为 0. 1~0. 4mL/100mL。

任务 2
评定磁粉的性能

一、任务目标

1. 了解磁粉主要性能参数的测定原理；

2. 熟悉磁粉性能的测定方法；

3. 掌握磁粉性能的合格标准。

二、任务内容

（一）磁粉的磁性测定

1. 设备和器材

磁性称量仪 1 台；工业天平 1 架；待测磁粉。

2. 测试原理

称量法测定磁粉磁性的原理是通过标准的交流电磁铁在规定条件下吸引的磁粉多少来评价磁粉磁性。一般要求：湿法普通磁粉不低于 7g，干法普通磁粉不低于 10g，荧光磁粉不低于 5g。

3. 测试步骤（以湿法普通黑磁粉的磁性测定为例）

（1）将内径为 70mm，壁厚 2~3mm，高度为 10mm 的两圆环放在 100mm×100mm 的玻璃板上。圆环用有机玻璃或黄铜制作。

（2）将干燥洁净磁粉倒入圆环内，用直尺沿圆环上沿将磁粉刮平（不可按压）。

（3）调整电磁铁电流到 1. 3A，并准备试验。

（4）将装有磁粉的圆环连同玻璃托盘移向电磁铁的铜盘下，使圆环的上沿与铜盘接触，且圆环中心尽量和电磁铁轴线一致，给电磁铁通电。

（5）通电到 5s 时，将托盘连同圆环向下移离电磁铁。此时在铜盘上吸有一些磁粉。

（6）继续通电 55s（总计通电 1min，中间不可断电），使被吸住的磁粉稳定下来。这期间或许有少量磁粉落下。

（7）到时间后，将电磁铁断电，磁粉落在事先准备好的、放在铜盘下面的纸上，并将残留在铜盘上的磁粉一起收入纸中。

（8）用工业天平称量磁粉质量，做好记录。

（9）每种磁粉共进行三次取样测量，取平均值，质量不低于 7g，则该磁粉磁性合格。

4. 测试报告

根据需要填写试验报告，磁粉磁性试验记录格式如表 2-1 所示。

表 2-1 磁粉磁性试验记录

设备型号	磁粉型号或代号	电流/A	磁粉称量结果/g			
			1	2	3	平均

(二) 磁粉的粒度测定(酒精沉淀法)

1. 设备和器材

酒精沉淀法测量装置;工业天平1架;无水乙醇1kg;待测磁粉。

2. 测试原理

磁粉的粒度大小,决定了其在液体中的悬浮性。由于酒精对磁粉的润湿性能好,所以可以用酒精作为分散剂,测量磁粉在酒精中的悬浮情况来表示磁粉粒度大小和均匀性。一般规定酒精磁粉悬浮液在静止3min后磁粉沉淀高度不低于180mm为合格。

3. 测试步骤

(1) 用天平称出3g未经磁化的干燥新磁粉试样。

(2) 将玻璃管的一端堵上塞子,并向管内倒入150mm高的酒精。

(3) 将称好的磁粉试样倒入管内,用力摇晃直到混合均匀。

(4) 再向管内倒入酒精至300mm高。

(5) 将玻璃管上端堵上塞子,反复倒置玻璃管,使酒精和磁粉充分混合。

(6) 停止摇晃即开始计时并迅速平稳地将玻璃管固定于支座夹子上,使管子上端刻度对准支座上的刻度尺300mm处。

(7) 静止3min,测量酒精和磁粉明显分界处的磁粉柱高度。

(8) 按上述步骤试验三次,每次更换新的磁粉和酒精,取三次测量结果的平均值,并做好记录。

(9) 检验过程中,还应仔细观察磁粉悬浮情况,如图2-15所示,表示了不同粒度磁粉在酒精中悬浮的状态。

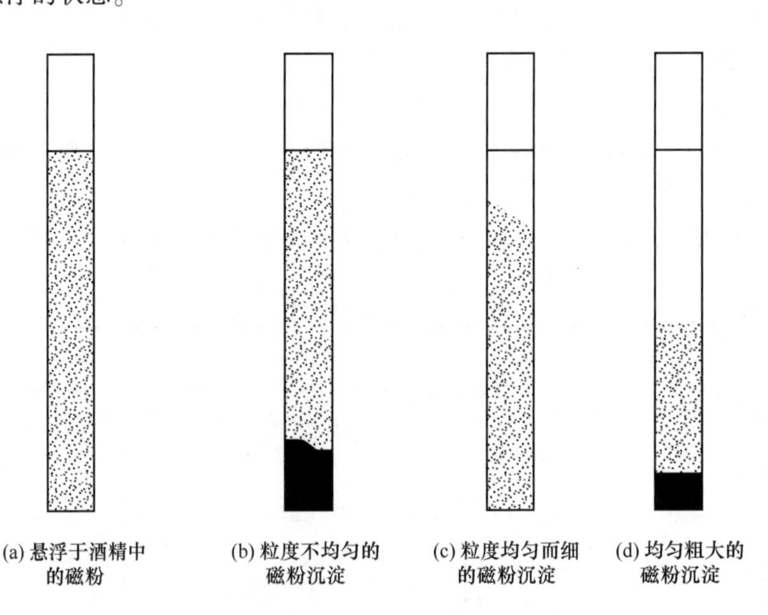

图2-15 酒精沉淀磁粉悬浮情况

任务 3

磁悬液配制

一、任务目标

掌握不同种类磁悬液的配制方法。

二、任务内容

（一）油基磁悬液配制（包括非荧光磁粉和荧光磁粉）

油基磁悬液的分散剂一般采用煤油或无味煤油加变压器油或者 10 号机油混合配制，目的是调整磁悬液的黏度。需要注意的是荧光磁粉油基磁悬液应当采用无味煤油作分散剂，而不能采用其他本身可发荧光的普通煤油或变压器油，因为这些载液一方面会在黑光照射下产生荧光，干扰缺陷的磁痕显示，另一方面会降低荧光磁粉的发光强度。

油基磁悬液常见的分散剂配制比例如表 2-2 所示。

表 2-2 油基磁悬液分散剂配制比例

配方号	材料名称	比例/%
1	无味煤油	100
2	煤油+变压器油	50+50
3	变压器油	100
4	煤油+10 号机油	50+50

配制比例：非荧光磁粉油基磁悬液一般在每升分散剂中加入 15~25g 非荧光磁粉；荧光磁粉油基磁悬液一般在每升无味煤油中加入 1~2g 荧光磁粉。

配制方法：先取少量油基载液与合适含量的磁粉混合，使磁粉全部润湿并搅拌成均匀的糊态，再按规定的比例加入余下的油基载液搅拌均匀即可。

（二）水基磁悬液配制

（1）非荧光磁粉水基磁悬液的配制

非荧光磁粉水基磁悬液的常见配方如表 2-3 所示。

表 2-3 非荧光磁粉水基磁悬液配方

配方号	材料名称	质量、体积或比例	磁粉含量
1	YF-3 分散剂	2%	15~25g
	亚硝酸钠	1%	
	水	1000mL	

表 2-3（续）

配方号	材料名称	质量、体积或比例	磁粉含量
2	肥皂粉	5g	15~25g
	亚硝酸钠	5~15g	
	水（50~600℃）	1000mL	
3	磁膏	60~80g	—
	水	1000mL	
4	100 号浓乳	10g	15~25g
	亚硝酸钠	5g	
	三乙醇胺	5g	
	28 号消泡剂	1~2g	
	水	1000mL	

配制方法：

1 号配方：将磁粉分散剂 YF-3 混合均匀后按用量称取出来，先用少量的水稀释后加入磁粉搅拌均匀至完全润湿，再加入少量的水冲稀后加入亚硝酸钠，搅拌均匀后加入其余的水充分混合后即可使用。

2 号配方：取少量的水将肥皂粉溶化，再加入适量的水及亚硝酸钠及磁粉搅拌均匀后加入其余的水充分混合后即可使用。

3 号配方：使用商品化磁膏配制水基磁悬液，先取少量的水，在水中挤入磁膏（一般是整支软管的磁膏），搅拌成稀糊状，再按该软管磁膏所指示的比例加入余量的水后搅拌均匀即可。

4 号配方：将 100 号浓乳加入到 1L 50℃的温水中，搅拌至完全溶解，再加入三乙醇胺（稳定剂）、亚硝酸钠（防锈剂）和消泡剂，每加入一种成分后都要搅拌均匀。最后加入磁粉时，先取少量分散剂与磁粉混合，使磁粉全部润湿，再加入其他分散剂并搅拌均匀即可。

（2）荧光磁粉水基磁悬液的配制

配制荧光磁粉水基磁悬液的水载液（分散剂）要严格选择，除了满足水载液的各项性能要求外，还不应使荧光磁粉结团、溶解和变质。

荧光磁粉水基磁悬液的常见配方如表 2-4 所示。

表 2-4　荧光磁粉水基磁悬液配方

配方号	材料名称	质量或体积	荧光磁粉含量
1	乳化剂（JFC）	5g	1~2g
	亚硝酸钠	15g	
	28 号消泡剂	0.5~1g	
	水	1000mL	
2	乳化剂（平平加或 100 号浓乳）	10g	1~3g
	亚硝酸钠	5g	
	三乙醇胺	5g	
	28 号消泡剂	1~2g	
	水	1000mL	

1 号配方：先将乳化剂（润湿剂）与消泡剂搅拌均匀，并按比例加足水，搅拌均匀，成为水载液，用少量水载液与磁粉混合搅拌均匀，再加入余量的水载液，然后加入亚硝酸钠（防锈剂），搅拌均匀即可。

2 号配方：在 1L 50℃温水中加入平平加（或 100 号浓乳）搅拌至完全溶解后，再依次加入亚硝酸钠、三乙醇胺、消泡剂和磁粉，每加入一种成分后要充分搅拌。

注意：水基磁悬液中严禁混入油类。pH 应控制在 8~9 范围内。

荧光磁粉磁悬液覆盖在工件表面上时，会产生微弱的荧光本底，可能干扰对磁痕显示的观察，因此，荧光磁粉磁悬液的浓度通常比非荧光磁粉磁悬液的浓度低很多，大约为非荧光磁粉磁悬液浓度的 1/10。

（三）磁悬液喷罐

磁悬液喷罐是生产厂家将配制浓度合格的磁悬液装入喷罐中，这些磁悬液的载液多为油基载液和水载液。使用时只需轻轻摇动喷罐，将磁悬液搅拌均匀，即可直接喷洒。检测前先用标准试片进行综合性能试验，合格后即可检测，无须测量浓度。使用喷罐，方便快捷，特别适合高空、野外和仰视检测，应用广泛。

任务 4
磁悬液浓度的测定

一、任务目标

掌握磁悬液浓度的测定方法。

二、任务内容

（一）测试器材

磁粉沉淀管（见图 2-16）1 只；已知浓度的标准磁悬液，荧光磁粉磁悬液按 1g/L、

2g/L、3g/L 配制，非荧光磁粉磁悬液按 10g/L、20g/L、30g/L 配制；待测磁悬液样品；200mL 量筒 1 只。

（二）测试原理

磁悬液在平静状态时，磁粉将发生沉淀，根据沉淀的多少可以确定磁悬液的磁粉浓度。磁粉沉淀量随时间增加而增多，当达到一定时间后，将完成全部沉淀。磁粉沉淀管中的磁粉沉淀层高度与磁悬液浓度呈线性关系。

（三）测试步骤

1. 制作磁粉浓度曲线

将装有标准磁悬液容器摇晃不少于 5min，然后取出 100mL 磁悬液倒入磁粉沉淀管中，静止放置。煤油或水磁悬液放置 60min、变压器油磁悬液放置 24h，读出磁粉沉淀高度。三种不同浓度的标准磁悬液可得到三个沉淀高度的数据 h_1、h_2和 h_3。将磁悬液标准含量（X_1、X_2和 X_3）及对应的磁粉沉淀高度（h_1、h_2和 h_3）分别作为纵坐标和横坐标，可得到磁粉浓度与沉淀高度的关系曲线。

图 2-16　梨形玻璃沉淀管

2. 测试待测样品的浓度

按照标准磁悬液的试验方法读出待测磁悬液的磁粉沉淀高度。

待测样品的浓度评价方法：

（1）直接按沉淀高度评价

一般规定磁粉沉淀高度，荧光磁粉为 0.1~0.5mL，非荧光磁粉为 1.2~2.5mL（读数为沉淀容器刻度，mL）。

（2）测量磁悬液的浓度即每升磁悬液中磁粉克数

①图示法

在磁粉浓度曲线的纵坐标上查到待测样品的沉淀高度，根据浓度和高度的关系直线，查出其在横坐标上的对应值，即为磁悬液实际浓度值。

②计算法

待测样品的浓度值设为 c，则有

$$c = \frac{c_0 h}{h_0} \tag{2-1}$$

式中：c_0——标准样品的浓度值，g/L；

h ——待测样品的沉淀高度，mm；

h_0——标准样品的沉淀高度，mm。

（四）测试报告

测试记录和报告应对每次新配的磁悬液进行浓度测定，其值作为标准并作详细记录，且应留取少量样品。磁悬液使用应定期进行浓度测定，填写测定记录和测定报告，并应与标准样品值和规定值对照评价。

任务5

水断试验的检测

一、任务目标

掌握水断试验的验证方法。

二、任务内容

（一）检测时机

对于水磁悬液，在每班检测前，或者当更换或调整槽液后都应进行水断试验。

（二）试验内容

在与工件或实际产品制件表面状态相同的干净制件上浇上处理后的水磁悬液，停止浇水磁悬液后，检查制件表面的状态。若在整个制件表面形成了一个连续均匀的薄膜，则表明加入了足够的润湿剂，润湿性能良好；若磁悬液薄膜不连续，露出了基体表面，则表明润湿性能不良，加入的润湿剂剂量不足或制件未充分清理干净。

任务6

磁悬液污染度检查

一、任务目标

掌握磁悬液污染度的测定方法。

二、任务内容

在每次新配制磁悬液时，将搅拌均匀的磁悬液在玻璃瓶中注满200mL，放在阴暗处，作为标准磁悬液，用于每周一次和使用过的磁悬液做对比试验，进行污染判定。

（一）磁悬液污染的测定步骤

对于循环使用的磁悬液，应每班测定一次，当更换或调整磁悬液后也应进行测定。测定步骤如下。

（1）采用适当的方式，如启动磁悬液泵30 min，充分搅拌磁悬液。

（2）在沉淀管中注入100 mL磁悬液，作为试样。

（3）将试样退磁并静置不少于60 min（适用于油基磁悬液）或不少于30 min（适用于水基磁悬液），读出沉淀磁粉的体积。

（4）若浓度超出规定的范围，则应根据要求添加磁粉或磁粉载液，并重新测定磁悬液浓度。若静置下来的磁粉为松散聚结而不是固体层，则抽取第二个样品；若第二个样品仍为松散聚结，则应更换磁悬液。

（二）磁悬液污染的判定

（1）在黑光灯（对荧光磁悬液）和可见光（对荧光磁悬液和非荧光磁悬液）下，检查试管刻度部分是否有不同颜色或外观上的分层、条带或条痕。若有分层、条带或条痕，则表示磁悬液被污染，上层为污染层，下层为沉淀磁粉层，若污染体积超过沉淀磁粉体积的 30%时，应更换磁悬液。

（2）如果是荧光磁悬液，磁悬液呈乳白色或淡蓝色表明油或脂污染，应更换磁悬液；在黑光灯下检查沉淀物之上的液体，该液体不应发出荧光，若有明显荧光时应更换磁悬液。

【项目训练】

一、填空题

1. 用来悬浮磁粉的液体称为________或载体，也称为分散介质或________。

2. 磁悬液的浓度分为________和________。

3. 磁粉按适用的磁痕观察方式分为________和________，按适用的施加方式分为________和________。

二、简答题

1. 磁粉检测中对磁粉的性能有哪些要求？

2. 油基磁悬液和水基磁悬液是如何配制的？

项目三：
标准试片/试块的使用与维护

【项目目标】

- 知识目标
  1. 掌握标准试片的种类及其适用范围；
  2. 认识 B 型标准试块、E 型标准试块和磁场指示器。
- 技能目标
  1. 掌握标准试片的使用方法和维护注意事项；
  2. 掌握标准试块的使用方法和维护注意事项。

【项目描述】

标准试片（试块）是磁粉检测必备的测试工具，它可以用来检查和评定设备的性能、磁粉和磁悬液的性能、磁化方法和磁化规范选择是否得当、操作方法是否正确等。磁粉检测的标准试片（试块）品种繁多，用途各异，本项目主要介绍标准试片、标准试块和磁场指示器的使用方法和应用范围，为正确开展磁粉检测工作奠定基础。

【项目实施】

任务 1
标准试片的使用与维护

标准试片主要用于检验磁粉检测设备、磁粉和磁悬液的综合性能，显示被检工件表面的有效磁场强度和方向，有效检测区以及磁化方法是否正确。

一、标准试片的用途

影响磁粉检测灵敏度的因素很多，标准试片具有以下用途：

（1）用于检验磁粉检测设备、磁粉和磁悬液的综合性能（系统灵敏度）。

（2）用于了解被检工件表面大致的有效磁场强度和方向以及有效检测区。

（3）用于考察所用的检测工艺规程和操作方法是否妥当。

（4）几何形状复杂的工件磁化时，各部位的磁场强度分布不均匀，无法用经验公式计算磁化规范，磁场方向也难以估计。这时，将小而柔软的试片贴在复杂工件的不同部位，可大致确定较理想的磁化规范。

二、标准试片的分类

我国常用的标准试片有 A 型、C 型、D 型和 M1 型四种，日本使用 A 型和 C 型试片，美国使用的试片称为 QQI 质量定量指示器。

A 型、C 型、D 型三种试片按不同依据分类如下：

（1）按热处理状态可分为经退火处理的试片和未经退火处理的试片。同一类型和灵敏度等级的试片，未经退火处理的比经退火处理的灵敏度约高 1 倍。

（2）按灵敏度等级可分为高灵敏度试片、中灵敏度试片和低灵敏度试片。该分类方法仅适用于相同热处理状态的试片。

我国标准试片常用规格见表 2-5。其中分母表示板厚，分子表示槽深，单位是 μm。在同一厚度尺寸下槽深越小其相对灵敏度越高。试片的标志蚀刻在有槽一面。

表 2-5　我国磁粉探伤标准试片常用规格

<table>
<tr><th>试片型号</th><th>相对槽深/板厚/μm</th><th>试片边长/mm</th><th>材质</th><th>备注</th></tr>
<tr><td>A-7/50
A-15/50
A-15/100
A-30/100</td><td>7/50
15/50
15/100
30/100</td><td>20×20</td><td rowspan="3">DT4A 电磁纯铁板，供货状态应符合相关规定，轧制到试片厚度后应在 600℃真空下进行退火处理</td><td rowspan="3">A 型试片又分 A1、A2、A3 三种</td></tr>
<tr><td>C-8/50
C-15/50</td><td>8/50
15/50</td><td>15×5（单片）</td></tr>
<tr><td>D-7/50
D-15/50</td><td>7/50
15/50</td><td>10×10</td></tr>
</table>

A 型标准试片一般采用超高纯度的低碳纯铁轧制薄片制成（含碳量<0. 03%，矫顽力 H_c<80A/m，经退火处理），以 1 号、2 号、3 号为一组。刻槽形式各国不全相同，多数是在试片的深度方向为 U 形槽或近似 U 形，外形为圆、十字线、直线等，如图 2-17 所示。

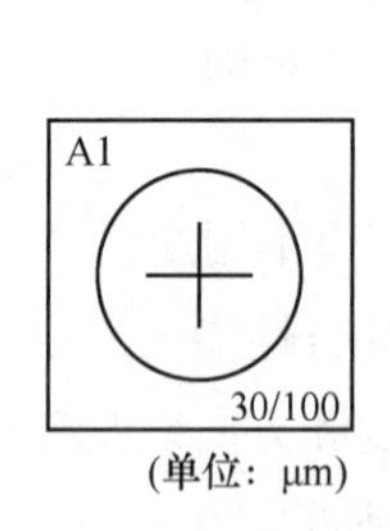

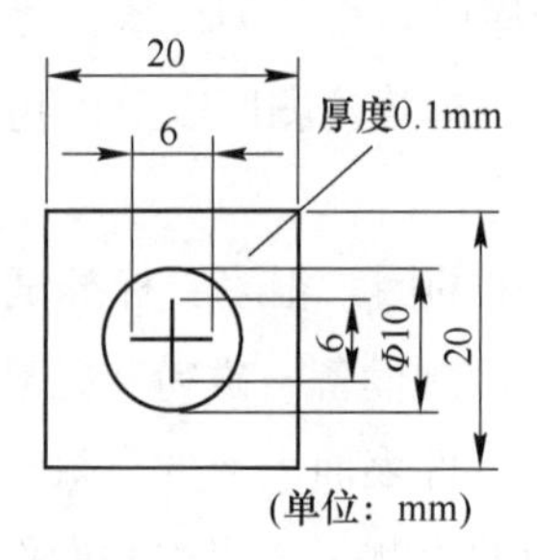

图 2-17　A 型标准试片

标准试片的左上方是试片型号的英文字母（如 A 型试片还应分 A1、A2、A3 三种），右下角是槽深与试片厚度之比的分式。

以厚度 100μm 试片（20mm×20mm×0.1mm）为例，1 号试片人工槽深为 15 μm（标记为 15/100，允差±4 μm），2 号试片人工槽深为 30μm（标记为 30/100，允差±8μm），3 号试片人工槽深为 60μm（标记为 60/100，允差±15μm），它们表示灵敏度由高至低，顺序为 1 号、2 号、3 号。如果是标示 7/50，即槽深为 7μm，厚度 50μm，同样还有 15/50，30/50，7/100 等。

对于如焊接坡口等狭窄部位，A 型标准试片难以在欲检测的部位安放，则可以采用 C 型标准试片，使用时沿分割线切成 5mm×10mm 的小片使用。

三、标准试片的使用与维护

标准试片必须在连续法磁粉检测中使用，不适用于剩磁法磁粉检测。

应该根据被检零件的材质、零件检测面的大小和形状、按验收标准规定所需的有效磁场强度等情况选用合适的标准试片类型。

使用标准试片前，应将被检零件和试片用溶剂清洗干净，零件表面贴置试片处应平整并除去油污，用有效但又不影响磁痕形成的方法将试片刻槽面紧贴在零件表面上。贴试片时，试片无刻槽面朝外，例如，用透明胶带靠着试片边缘贴成“井”字形以贴紧零件欲检查部位的表面，间隙应小于 0.1mm，并注意透明胶带不能盖住有槽的部位，或者也可以在试片刻槽面与零件表面之间涂上微量的黄油或凡士林、牙膏之类，把试片按紧贴住，使用这种方法后必须对沾有油脂、牙膏的零件表面进行清理。然后与零件同时进行磁化、喷洒磁悬液，认真观察磁痕的形成及磁痕的方向、强弱和大小。

试片硬度较低，使用中注意不要划伤、折叠、撞击等。使用试片时，如果工件表面贴片处凹凸不平应打磨平并除去油污，当试片表面锈蚀或者有褶纹时，不得继续使用。试片更不能反复弯折或撕拉，以防槽底开裂，影响使用效果。试片使用后应涂上防锈油，安全存放，防止因其锈蚀而影响使用。当试片性能已发生变化不能满足使用要求时，应当停止使用。

任务 2

标准试块的使用与维护

标准试块也是磁粉检测必备的器材之一，通常简称试块。

一、标准试块的用途

标准试块主要用于检验磁粉检测设备、磁粉和磁悬液的综合性能，也用于考查磁粉检测的试验条件和操作方法是否恰当，还可用于检测各种磁化电流及磁化电流大小不同时产生的磁场在标准试块上大致的渗入深度。

磁粉检测标准试块的应用局限性是仅适用于连续法磁粉检测而不适用于剩磁法磁粉检测，不适用于确定被检零件的磁化规范，不能用于考查被检零件表面的磁场方向和有效磁化区。

二、标准试块的分类

常用的磁粉检测标准试块如下。

(一) B 型标准试块

B 型标准试块的形状见图 2-18，其尺寸详见表 2-6。材料为经退火处理的 9CrWMn 钢锻件，其硬度为 HRB90~95。B 型标准试块又称直流标准环形试块，与美国的 Betz 环试块等效，用于评价直流和三相全波整流磁粉检测设备及磁悬液综合性能，即系统灵敏度试验，评价磁粉性能。试块端面有 12 个人工通孔，直径为 Φ1.78mm±0.08mm，第一孔距外圆表面 1.78mm，每孔距外圆表面距离依次增加 1.78mm。

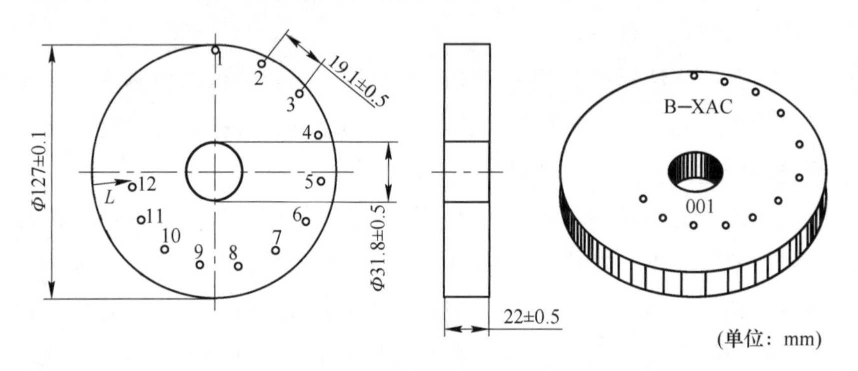

图 2-18　B 型标准试块

表 2-6　B 型标准试块尺寸

孔号	1	2	3	4	5	6	7	8	9	10	11	12
通孔中心距外缘距离 L/mm	1.78	3.56	5.33	7.11	8.89	10.67	12.45	14.22	16.00	17.78	19.56	21.34
注：(1) 12 个通孔的直径 D 为 ϕ1.78mm±0.08mm。 (2) 通孔中心距外缘距离 L 的尺寸公差为±0.08mm。												

(二) E 型标准试块

E 型标准试块的形状和尺寸详见图 2-19，其材料为经退火处理，晶粒度不低于 4 级的 10 号钢锻制而成。E 型标准试块又称 3 孔交流试块，利用直接通电法进行试验，适用于评价交流和半波整流磁粉检测设备综合性能，即系统灵敏度试验。试块上钻有三个 1mm 的通孔，孔心距工件表面分别为 1.5mm、2.0mm、2.5mm。

(三) 磁场指示器

磁场指示器是由 8 块低碳钢与铜片焊在一起构成的，有一个非铁磁性手柄，其形状和尺寸如图 2-20 所示。磁场指示器俗称八角试块，由于这种试块刚性较大，不可能与工件表面（尤其曲面）很好贴合，难以模拟出真实的工件表面状况，所以磁场指示器只能作为表示被检工件表面的磁场方向、有效检测区，以及判断磁化方法是否正确的一种粗略的校验工具，而不能作为磁场强度和磁场分布的定量测试工具，但它比标准试片经久耐用，操作简单。

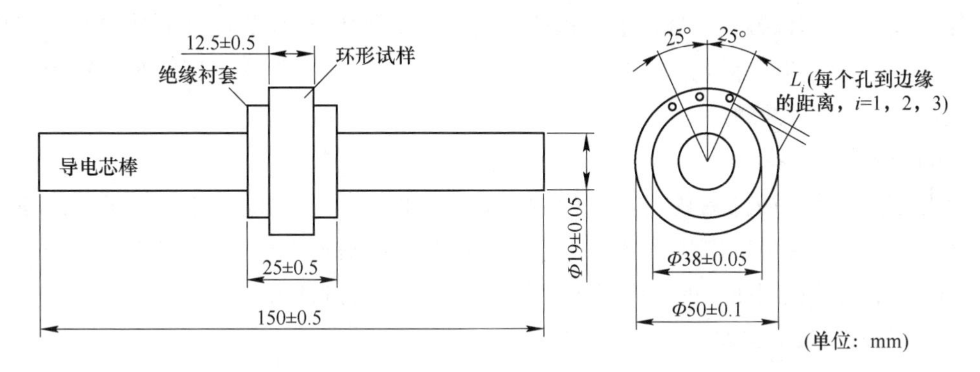

图 2-19　E 型标准试块

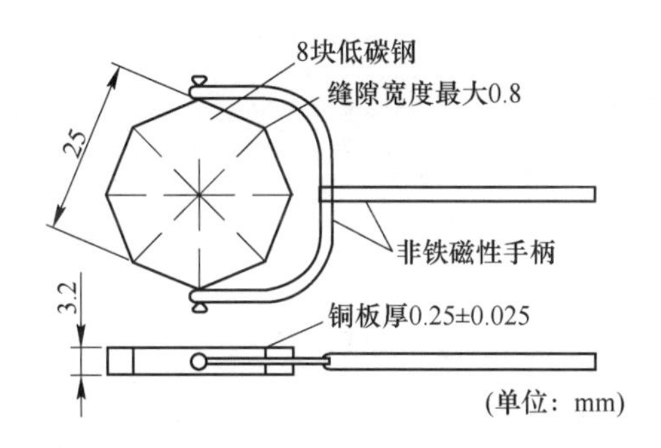

图 2-20　磁场指示器（八角试块）

三、标准试块的使用与维护

（一）B 型标准试块

采用符合 GB/T 23906—2009《无损检测　磁粉检测用环形试块》的 B 型试块进行湿磁粉检测系统性能试验的方法是：将一个直径 25~31mm、长度不小于 400mm 的黄铜导体棒装入试块中心孔内；将试块置于导体中心，将试块第一个孔置于 12 点钟的位置、其他孔面对检测人员；使用表 2-7 中的电流值通过导体进行周向磁化；使用连续法施加磁悬液；在停止施加电流后，观察试块表面，可以观察到的显示孔数应满足表 2-7 中的规定。

表 2-7　B 型试块要求的磁化电流和应显示的孔数

磁悬液类型	电流（FWDC 或 HWDC）/A	应显示的最少孔数
荧光、非荧光磁悬液（湿法）	1400	3
	2500	5
	3400	6

（二）E 型标准试块

使用时，将标准试块夹于探伤机的两极之间，采用连续法检验，将试块上最接近表面的孔置于 12 点钟的位置，其他孔面向检测人员，通以 700A 的交流电（有效值）对试块进行磁化，浇上合格的磁悬液，在合适的光照条件下观察，标准试块上应清楚显示至少一个孔（埋深 1.5mm）的磁痕。

（三）磁场指示器

使用时，手持手柄将磁场指示器的铜面朝上，8 块低碳钢面朝下紧贴在被检零件表面，与被检零件同时进行连续法磁粉检测，给磁场指示器施加磁粉或磁悬液，根据 8 块低碳钢间的 8 个接缝在铜面上的磁痕显示状况来判断磁场强度的方向。

（四）标准试块的维护

标准试块在使用完毕后要清洁试块表面，并在紫外灯的照射下检测表面是否清洁干净。若长时间不使用，在存放前应采用润滑防锈措施。

【项目训练】

一、填空题

1. A 型标准试片适用于________法磁粉检测。
2. 磁场指示器又称为________。

二、判断题

1. A 型标准试片贴在工件上时，必须把有槽的一面朝向工件。（　　）
2. 磁场指示器既可以反映工件表面磁场之方向，也可作为磁场强度的定量指示。（　　）

三、简答题

1. 标准试片的种类都有哪些？磁粉探伤中为什么要使用标准试片？
2. 标准试块的种类有哪些？复述不同类型标准试块的特点和适用范围。
3. 你认为在什么情况下要使用标准试块？什么情况下使用标准试片？

项目四：
认识磁粉检测辅助器材

【项目目标】

➢ 知识目标

1. 认识可见光光源和紫外线光源；
2. 了解白光照度和黑光辐照度的测量方法；
3. 理解磁场测量仪表的测量原理；
4. 知道反差增强剂的作用及使用时机。

➢ 技能目标

1. 掌握白光照度计和紫外光辐射照度计的使用方法；
2. 掌握特斯拉计和磁强计的使用方法及注意事项；
3. 掌握反差增强剂喷罐的使用方法。

【项目描述】

磁粉检测辅助器材主要包括光源和测量仪器。光源分为可见光光源和紫外线光源，分别用于非荧光磁粉检测和荧光磁粉检测。检测中还涉及磁场强度、剩磁大小、白光照度、黑光辐照度和通电时间等的测量。本项目主要对白光照度计、黑光辐照计、特斯拉计、磁强计作简单介绍。

【项目实施】

任务 1
认识磁粉检测光源系统

光源在磁粉检测中很重要，磁粉检测的实施需要一定的光源条件。照明不当，会影响检测灵敏度，还会引起检测人员的视力疲劳。

一、光源

能够发光的物体称为光源或发光体，太阳是最大的光源。不发光的物体，只要受到发光体的照射，能发射出光来引起眼睛的感觉，我们同样可以看见。物体之所以能发光，多半是由于物体的温度很高，就是所谓的热发光。

发光体实际上是一个电磁波辐射源，研究电磁波辐射的学科为“辐射度学”，研究可见光的学科称为“光度学”。磁粉检测应用可见光进行检测，因此在这里我们只讨论光度学中的基本物理量。

（一）光通量

光的传播过程也是能量的传递过程，发光体在发光时失去能量，而吸收光的物质就增加能量。光源发出的光能向周围的所有方向辐射，在单位时间里垂直通过某一面积的光能，称为通过这个面积的辐射通量。各色光的频率不同，眼睛对各色光的敏感度也有所不同，即使各色光的辐射通量相等，在视觉上并不能产生相同的明亮程度。在七色光中，黄绿光有最大的激起明亮感觉的本领。

按照产生明亮程度来估计辐射通量的物理量称为光通量，光通量的国际单位是流明（lm）。其定义是纯铂在熔化温度（约1770℃）时，其1/60cm^2的表面面积于1sr的立体角内所辐射的光量。从点光源发出的光照度遵守平方反比率。

一个辐射体或光源发出的总光通量与总辐射能通量之比称为光源的发光效率。它表示每瓦辐射通量所产生的光通量。对于用电能点燃的光源，用每瓦耗电功率所产生的流明数作为其发光效率。例如，一个100W的钨丝灯泡所发出的总光通量为1400lm，则其发光效率为14lm/W。

（二）发光强度

光源发光的强弱，用发光强度来描述，发光强度简称光度，就是评价光源有多亮。点光源向各个方向发出光能，在某一方向上划出一个微小的立体角 $d\omega$，则在此立体角的范围内光源发出的光通量 $d\Phi$ 与 $d\omega$ 的比值称为点光源的发光强度，即

$$dI = d\Phi/d\omega \tag{2-2}$$

对于均匀发光的光源其 I 为常数，此时有

$$I = \Phi/\omega \tag{2-3}$$

式中：I 表示发光强度，cd；Φ 表示光通量，lm；ω 表示立体角，sr。

由于点光源周围整个空间的总立体角为4π，故这种点光源向四周发出的总光通量为 $\Phi = 4\pi I$。发光强度的单位是基本计量单位之一，用坎德拉（cd）表示。

（三）照度

照射到物体表面上的光通量，也就是被照明物体表面上的光通量，我们可以利用它来观察物体表面，所以照度在目视检测中是个非常重要的概念。物体单位面积上所得到的光通量称为物体表面上的光照度，简称照度。在均匀照明情况下，可用公式表示为

$$E = \Phi/S \tag{2-4}$$

式中：E 表示照度，lx；Φ 表示物体表面接收的光通量，lm；S 表示物体表面面积，m^2。

照度的单位是勒克斯，国际代号为lx，1m^2面积上得到1lm的光通量为1lx，即1lx = 1lm/m^2。

（四）光出射度

某一发光物体表面上微小面积范围内所发出的光通量与这一面积之比称为这一微小面积上的光出射度。若均匀发光表面发出的光通量为 Φ，则

$$M = \Phi/S \tag{2-5}$$

式中：M 表示发光体的光出射度，lx；S 表示发光体的表面积，m^2；Φ 表示发光体发出的光通量，lm。

可见，光出射度与光照度有相同的形式。这表示两者有相同的含义，其差别仅在于光照度公式中的 Φ 是表面接收的光通量，而光出射度公式中的 Φ 是从表面发出的光通量。因此，光出射度的单位与光照度的单位一样，也是勒克斯。

除自身发光的光源之外，被照明的表面会反射或散射出入射在其表面上的光通量，称之为二次光源。二次光源的光出射度与受照的光照度之比称为表面的反射率。可表示为

$$\rho = M/E \tag{2-6}$$

式中：ρ 表示反射率；M 表示二次光源的光出射度，lx；E 表示光照度，lx。

大部分物体对光的反射都具有选择性，也就是说不同的色光具有不同的反射率。当白光射于其上时，反射光的光谱组成与白光不同，因而这种物质是彩色的。如果某种物质在可见光范围内对所有波长的反射率 ρ 值相同且接近 1，那么这种物质称为白体，如氧化镁、硫酸钡或涂有这种物质的表面，其反射率达 95%。反之，对于所有波长的反射率 ρ 值相同且接近于 0 的物体称为黑体，如炭黑和黑色的粗糙表面，其反射率仅为 1%。

（五）亮度

一个有限面积的光源，尽管在某一方向的发光强度与另一点光源在相同方向的发光强度相同，但是我们会明显感觉到点光源更亮些。这表明仅用发光强度来表征光源的发光特征是不全面的。为了便于说明光源的表面部分辐射特性，必须了解亮度的概念。亮度是光源单位面积上的发光强度，它是表示人对发光体或被照射物体表面的发光或反射光强度实际感受的物理量。亮度和发光强度这两个量在一般的日常用语中往往被混淆使用。国际单位制中规定，亮度的符号是 L，单位为 cd/m^2。

$$L = \frac{d\Phi}{d\omega \cdot ds \cdot \cos\theta} \tag{2-7}$$

式中：Φ 表示光通量，lm；ω 表示立体角，sr；s 表示给定方向的单位面积元，m^2；θ 表示与法线方向的夹角，(°)。

磁粉检测中常用的两大光源系统主要是可见光光源和紫外线光源。

二、可见光光源

用于非荧光磁粉检测的光源是可见光光源。它可以是自然光、白炽灯、日光灯，只要满足照度要求即可。磁粉检测中，国内多个标准要求白光照度不低于 1000lx。对于较大的缺陷，500~1000lx 已经足够，对于非常小的缺陷，应达到 1500lx，但照度过高，会加剧视力疲劳。

三、紫外线光源

荧光磁粉检测时所需的光源是紫外灯光源。紫外光灯也称黑光灯，主要由两个主电极、一个辅助启动电极、储有水银的内管及外管组成。当电源接通后，由启动电极产生辉

光放电，使汞蒸发、电离，并在两主电极之间产生电弧。弧光发出的紫外线其波谱主峰在365nm左右，是激发荧光磁粉发光所需要的波长。伴随紫外线产生的可见光和红外线等是检测中不需要的，由紫外光灯的滤色玻璃罩壳滤去。

磁粉探伤用的紫外光灯的使用寿命与点燃次数密切相关，每点燃一次约缩短寿命半小时，在使用中尽可能少动用开关。并且断电后，切忌热启动，必须冷却5~6min后再重新启动。紫外光灯随使用时间的增长，发光强度会逐渐降低，应采用紫外辐照计定期测其辐射能量。磁粉检测中要求在距离光源380mm处一般不低于1000μW/cm^2。另外，荧光磁粉检测应在黑暗场所进行，环境可见光应低于20lx。

相比于传统的紫外灯光源，LED紫外灯有如下优点：具有更好的散热效果和更长的使用寿命（25000~30000h）；发光部件的波峰为365nm，无红外光发出，减少被照射表面的温度提升；多组镜头组，提供均匀的照射强度，边缘和中心照射强度变化不超过3%；光输出稳定，照射强度可达1200mW/cm^2，有效发光效率是汞灯的10倍以上。因此LED紫外灯已经逐渐取代传统紫外灯光源。

任务2
测量白光照度和紫外光辐照度

一、任务目标

知道磁粉检测所需的照度范围，掌握测量白光照度和紫外光辐照度的方法。

二、任务内容

（一）白光照度计的使用

1. 白光照度计

白光照度计，简称照度计，是用于测量被检工件表面可见光照度的仪器，例如ST-80（C）型及ST-85型照度计。其中ST-80（C）型测量范围为1×10^{-1}~1.999×10^{5}lx，分辨率为0.1lx；ST-85型可自动转换量程，分辨率为0.1lx，如图2-21所示。

图2-21 照度计

2. 测量白光照度的步骤

第一步：将白光照度计放在工作区域的工件表面上。

第二步：使探头的光敏面置于待测位置，选定插孔将插头插入读数单元。

第三步：按下开关，读取窗口显示数值，即为所测量的白光照度值。

第四步：按照上述步骤，测量符合要求的白光有效照射范围。

（二）紫外光辐射照度计的使用

1. 紫外光辐照计

紫外光辐射照度计又称紫外辐照计或黑光辐照计，是通过测量离黑光灯一定距离处的荧光强度间接测出紫外光的辐射照度。它有一个接收紫外光的接收反射板，反射板吸收紫外光后将它转变成为可见的黄绿色荧光，并把它反射到硅光电池上，通过光电转换，变成电流输出，再经过技术处理后在电表上指示出来。其指示值与光的强度成正比。目前国外出现了一类用装有仅对 320~400nm 波长响应的带通滤波器作传感器（探头）的直接测量紫外光辐射照度的仪器，如 DM-365X 型、UV-A 型等，用于测量波长范围为 320~400nm，中心波长为 365nm 的紫外光辐射照度，其测量范围为 0~199.9mW/cm^2，可分辨率最小为 0.1mW/cm^2，如图 2-22 所示。

图 2-22　紫外光辐射照度计

2. 测量紫外光辐照度的步骤

第一步：开启黑光灯并预热 20min，使其处于稳定状态。

第二步：将黑光灯辐照度检测仪放置于黑光灯下，调节检测仪的滤光片到灯泡的距离为 380mm，读出检测仪上的读数，其值如大于 1000 μW/cm^2，则说明黑光灯辐照度符合要求。

第三步：在黑光灯下 380mm 处放一硬纸板，将黑光辐照计放在硬纸板上移动，测量符合要求的黑光有效照射范围。

任务 3
掌握磁场测量仪器的使用方法

一、任务目标

认识特斯拉计（高斯计），了解其使用方法；掌握磁强计的使用方法及注意事项。

二、任务内容

（一）特斯拉计及其使用方法

1. 特斯拉计（高斯计）

特斯拉计又称为高斯计，是采用霍尔半导体元件做成的测磁仪器，可以测量交直流磁场的磁场强度。霍尔元件是一种半导体磁敏器件，当电流垂直于外磁场方向通过霍尔元件时，元件两侧将产生电势差，并与磁场的磁场强度成正比。国产的特斯拉计就是利用这种原理制成的。它的探头像一支钢笔，其前沿有一个薄的金属触针，里边装有霍尔元件。测量时要转动探头，使仪表读数的指示值最大，这样读数才正确。磁粉探伤中用的特斯拉计有电表指针显示和数字显示两种。国产指针式的特斯拉计有 CT3、CT4 等，数字式的特斯拉计有 T6、TJSH-035 等多种型号，国外的有 5070 数字式高斯/特斯拉计等。

2. 特斯拉计的使用步骤

第一步：连接霍尔探头与主机，取下霍尔探头上的保护罩。

第二步：将霍尔探头置于无磁场、无电磁干扰的环境。

第三步：按下电源开关，观察屏幕，看显示是否为 0.0mT。如果不是 0.0mT，则按下 Null 进行清零。

第四步：将探头放置于待测磁场中，待数值稳定后读取磁感应强度值。

3. 特斯拉计使用注意事项

（1）特斯拉计用于测量磁场的大小，不得用于其他用途；

（2）使用时要注意符合仪器的测试范围；

（3）不得在潮湿或具有较强电磁干扰的环境下使用或存储；

（4）维修时，要由专业人员进行，且在维修过程中进行静电防护；

（5）保持仪器表面的清洁与干燥。

（二）磁强计及其使用方法

1. 磁强计

磁强计是利用力矩原理做成的简易测磁仪。它有两个永久磁铁，一个是固定调零的，一个是测量指示用的，其外形如图 2-23 所示。活动永磁体在外磁场和回零永磁体的双重作用下将发生偏转，带动指针停留在一定位置，指针偏转角度大小表示了外磁场的大小。

磁强计主要用于工件退磁后剩磁大小的快速直接测量，也可用于铁磁性材料工件在探伤、加工和使用过程中剩磁的快速测量。磁强计 SI 单位制为高斯 Gs，CGS 单位制为毫特斯拉 mT。

磁强计体积小，很轻便，不需要外接电源。通常使用的国产 XCJ 型磁强计有 XCJ-A、XCJ-B、XCJ-C 三种规格，其测量值分别为 ±1.0mT、±2.0mT 和 ±5.0mT（即 ±10Gs、±20Gs、±50Gs）。

2. 磁强计的使用方法

使用时，为了消除地磁场的影响，应沿东西方向放置，将磁强计上有箭头指向的一侧紧靠工件被测部位，指针偏转角度的大小代表剩磁大小。如图 2-24 所示。

图 2-23　磁强计

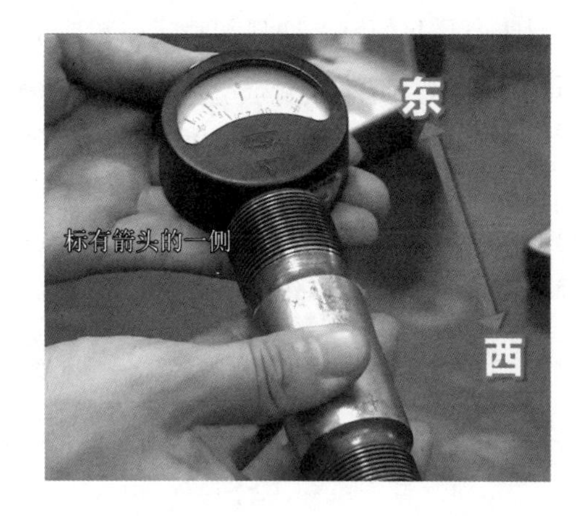

图 2-24　磁强计的使用方法

注意：磁强计不能用于测量强磁场，也不准放入强磁场影响区，以防精度受到影响。

任务 4
认识反差增强剂

一、任务目标

知道反差增强剂的作用及使用时机；掌握反差增强剂喷罐的使用方法。

二、任务内容

反差增强剂是一种以快干溶剂为载体的白色粉末（如二氧化钛，俗称钛白粉）悬浮液，适用于非荧光磁粉检测。

1. 作用

在表面粗糙的工件上进行磁粉检测时，或者当磁粉颜色与工件表面颜色的对比度很低时，可在磁粉检测前，先通过喷涂或刷涂、浸涂方式将反差增强剂均匀地、薄薄地施加在被检工件表面上，反差增强剂会在被检工件表面迅速干燥形成一层白色薄膜，通常厚度为 25~45μm，然后再开始进行磁化工作，喷洒黑磁粉磁悬液。利用反差增强剂可以在磁粉检测时提高工件表面颜色造成的深暗背景与缺陷磁痕显示的对比度，使磁痕显示清晰可见，也能填平工件表面微小的凹凸不平，降低工件表面粗糙度的影响，便于磁悬液的流动。

2. 配方及清除方法

反差增强剂有商品化的压力喷罐形式供应，也可自行配制，搅拌均匀即可使用。

反差增强剂配方：每 100mL 含工业丙酮 65mL，稀释剂（x-1）20mL，火棉胶 15mL，氧化锌粉或钛白粉 10g。

清除反差增强剂的方法：可用工业丙酮与稀释剂（x-1）按 3：2 配制的混合液浸过的棉纱擦洗，或将整个工件浸入该混合液中进行清洗。

3. 反差增强剂喷罐的使用

对于商品化的反差增强剂喷罐一般要求使用方便、涂层成膜迅速均匀、附着力强、颜色洁白、无强刺激性气味。

反差增强剂喷罐的操作方法是：将被检工件表面清理干净，把反差增强剂喷罐充分摇匀，然后手持喷罐，使喷嘴距离工件表面200~300mm，斜向工件表面喷涂，应保证喷涂成膜薄而均匀，待干燥后再进行磁化、喷洒磁悬液操作。由于反差增强剂的成分主要是易燃的有机溶剂，因此操作时必须严格注意防火。

【项目训练】

一、填空题

1. 磁粉检测所用光源可分为________和________。
2. 目前国内多个标准要求白光照度不低于________。
3. 磁强计主要用于测量工件退磁后的________。

二、简答题

1. 磁粉检测中磁场测量仪表有哪几种？
2. 使用紫外灯的注意事项有哪些？
3. 反差增强剂的作用和使用时机是什么？

设备篇知识图谱

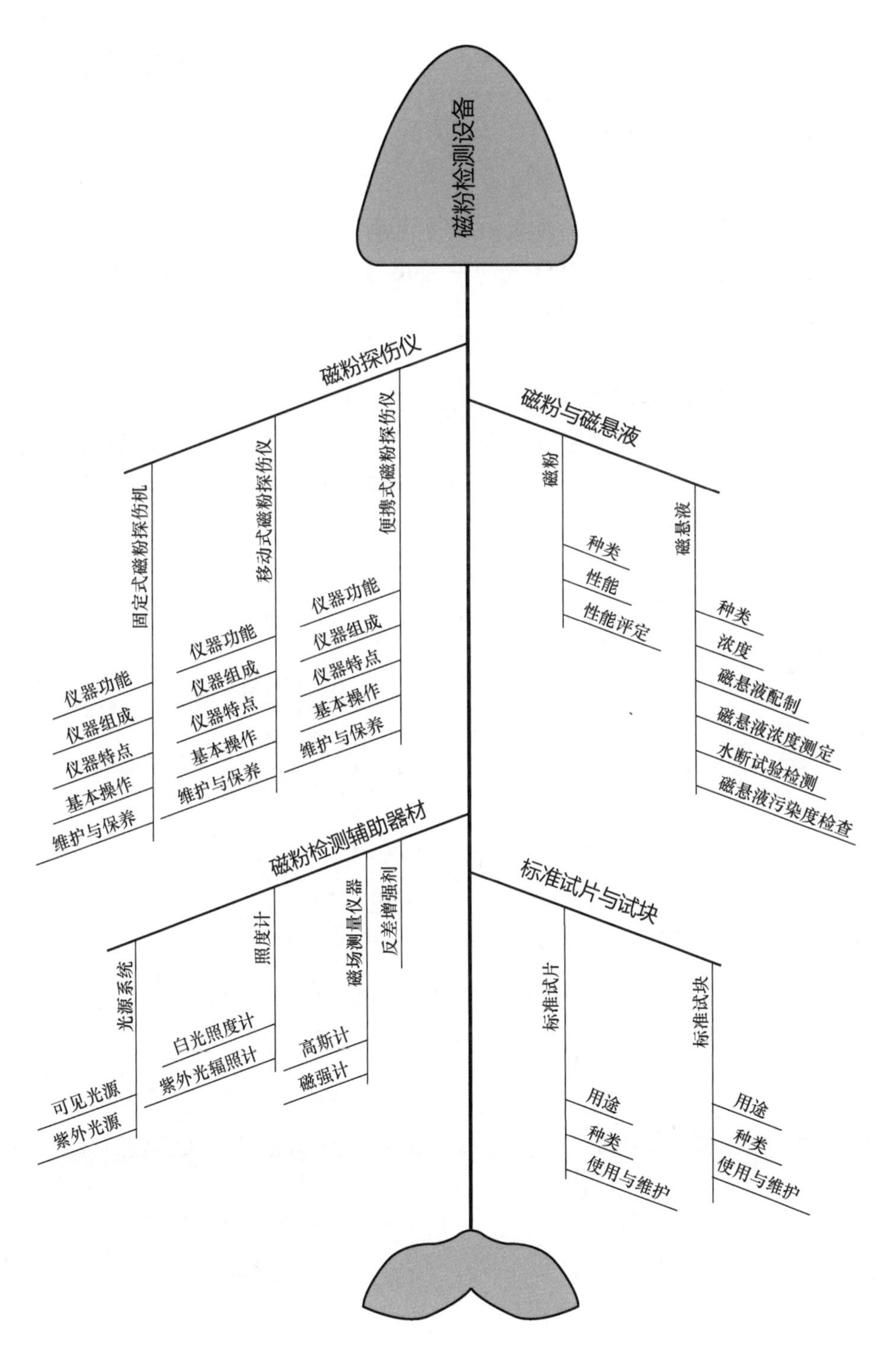
磁粉检测设备
磁粉探伤仪
固定式磁粉探伤机
仪器功能
仪器组成
仪器特点
基本操作
维护与保养
移动式磁粉探伤仪
仪器功能
仪器组成
仪器特点
基本操作
维护与保养
便携式磁粉探伤仪
仪器功能
仪器组成
仪器特点
基本操作
维护与保养
磁粉与磁悬液
磁粉
种类
性能
性能评定
磁悬液
种类
浓度
磁悬液配制
磁悬液浓度测定
水断试验检测
磁悬液污染度检查
磁粉检测辅助器材
光源系统
可见光源
紫外光源
照度计
白光照度计
紫外光辐照计
磁场测量仪器
高斯计
磁强计
反差增强剂
标准试片与试块
标准试片
用途
种类
使用与维护
标准试块
用途
种类
使用与维护

工艺篇

磁粉检测工艺

追求卓越是创新精神的灵魂。所谓“卓越”是将自身的优势、能力以及所能使用的资源，发挥到极致的一种状态。“追求卓越的创新精神”是评判新时代“工匠”的重要标准之一。

在工艺篇中，我们根据磁粉检测采用的磁化方式和磁介质类型来划分，完成以下项目及任务。通过学习，大家将熟悉磁粉检测工艺，具备解决不同类型工件磁粉检测的能力，能够按照磁粉检测工艺开展检测工作并具备判读缺陷磁痕显示的能力。在工艺篇中主要完成以下项目及任务的学习。

【任务导图】

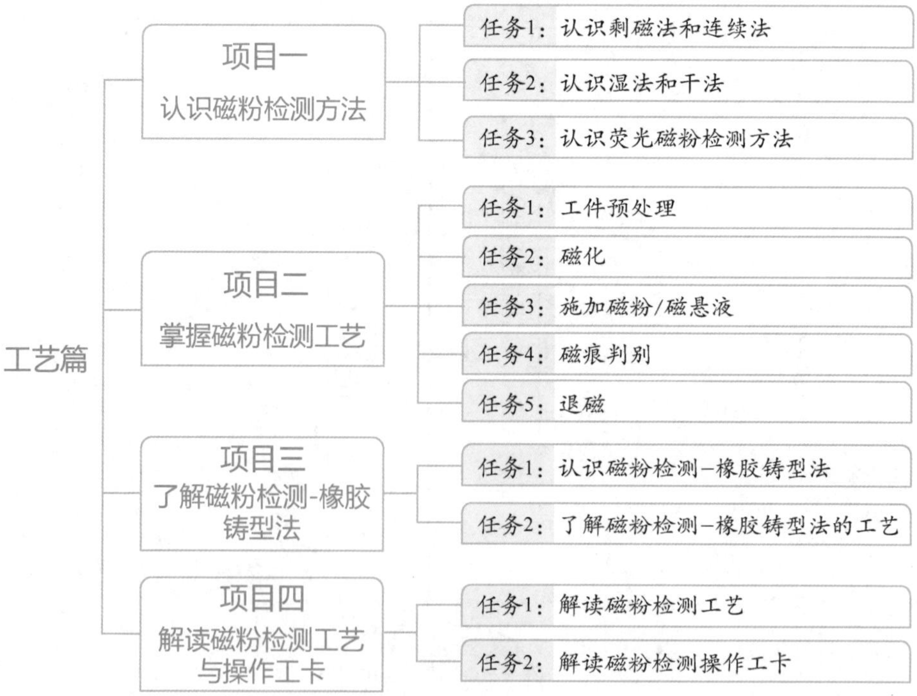

工艺篇

- 项目一 认识磁粉检测方法
  - 任务1：认识剩磁法和连续法
  - 任务2：认识湿法和干法
  - 任务3：认识荧光磁粉检测方法
- 项目二 掌握磁粉检测工艺
  - 任务1：工件预处理
  - 任务2：磁化
  - 任务3：施加磁粉/磁悬液
  - 任务4：磁痕判别
  - 任务5：退磁
- 项目三 了解磁粉检测-橡胶铸型法
  - 任务1：认识磁粉检测-橡胶铸型法
  - 任务2：了解磁粉检测-橡胶铸型法的工艺
- 项目四 解读磁粉检测工艺与操作工卡
  - 任务1：解读磁粉检测工艺
  - 任务2：解读磁粉检测操作工卡

项目一：
认识磁粉检测方法

【项目目标】

➢ 知识目标

1. 掌握连续法和剩磁法的工艺程序；
2. 知道湿法和干法的特点；
3. 掌握选取不同检测方法的原则。

➢ 能力目标

1. 熟练掌握检测步骤，并会在试块上进行检测；
2. 能够判别缺陷磁痕显示。

【项目描述】

磁粉检测方法，一般根据磁化工件和施加磁粉或磁悬液的时机不同，分为连续法检测和剩磁法检测：连续法检测是在外加磁场磁化的同时，将磁粉或磁悬液施加到工件上进行检测的方法；剩磁法检测是在停止磁化后，再将磁悬液施加到工件上，利用工件上的剩磁进行检测的方法。根据磁粉检测所用的载液或载体不同，分为湿法检测和干法检测：湿法检测是将磁粉悬浮在载液中进行检测的方法；干法检测是以空气为载体将干磁粉抛撒施加在工件表面进行检测的方法。磁粉检测方法的分类见表 3-1。

表 3-1　磁粉检测方法分类

分类方式	磁粉检测方法
施加磁粉的时机	连续法检测，剩磁法检测
施加磁粉的载体	湿法（荧光磁粉、非荧光磁粉），干法（非荧光磁粉）

【项目实施】

任务 1
认识剩磁法和连续法

磁粉检测方法不同，其检测工艺程序也有所不同。磁粉检测的工艺程序与施加磁粉或磁悬液的时机密切相关，可分为剩磁法和连续法。

一、磁粉检测的工序设置

磁粉检测时机应安排在容易产生缺陷的各道工序（如焊接、热处理、机加工、磨削、锻造、铸造、矫正和加载试验）之后进行，在喷漆、发蓝、磷化、氧化、阳极化、电镀或其他表面处理工序前进行。表面处理后还需进行局部机加工的，对该局部机加工表面需再次进行磁粉检测。工件要求腐蚀检验时，磁粉检测应在腐蚀工序后进行。

焊接接头的磁粉检测应安排在焊接工序完成之后进行。对于有延迟裂纹倾向的材料，磁粉检测应根据要求至少在焊接完成24h后进行。有再热裂纹倾向的材料应在热处理后再增加一次磁粉检测。除另有需求，对于紧固件和锻件的磁粉检测应安排在最终热处理之后进行。

二、剩磁法

（一）剩磁法工艺程序

剩磁法是利用工件中的剩磁进行检验的方法。先将工件磁化，切断磁化场后再对工件施加磁粉或磁悬液进行检查。其检测工艺程序如图3-1所示。

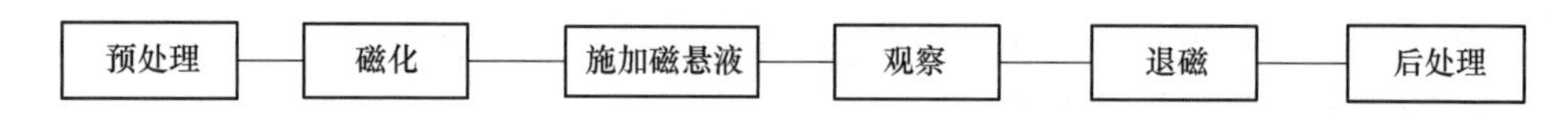

图3-1 剩磁法工艺程序

（二）应用范围

1. 剩磁法只适用于剩磁 B_r 在0.8T以上、矫顽力 H_c 在800A/m以上的铁磁性材料。一般来说，经淬火、调质、渗碳、渗氮的高碳钢、合金结构钢都可满足上述条件，可进行剩磁法检测，而低碳钢和处于退火状态或热变形后的钢材都不能采用剩磁法。

2. 剩磁法可用于因工件几何形状限制，连续法难以检测的部位，如螺纹根部和筒形件内表面。

3. 剩磁法可用于评价连续法检测出的磁痕显示是属于表面还是属于近表面缺陷显示。

（三）操作要点

在进行剩磁法检测时，需要注意以下几点：

1. 施加磁悬液的时机应控制在通电结束后，一般通电时间为0.25~1s。

2. 施加磁悬液要保证工件各个部位得到充分润湿，通常施加磁悬液2~3遍。

3. 若采取浸泡方式施加磁悬液的话，一般浸泡时间控制在10~20s，然后取出进行检验，时间过长会产生过度背景。

4. 磁化后的工件在检验完毕前，不要与任何铁磁性材料接触，以免产生磁写。

（四）剩磁法的优点

1. 检测效率高，中小零件可单个或数个同时进行磁化、施加磁粉或磁悬液，然后进行检查，效率远高于连续法。

2. 具有足够的检测灵敏度。

3. 缺陷显示重复性好，缺陷磁痕显示干扰少，可靠性高。

4. 目视可达性好，可用于检测孔内壁等不易观察部位的表面缺陷。

5. 易实现自动化检测。

6. 对于形状比较复杂的工件（如齿轮、螺纹等）因易于产生截面变化的漏磁场，成严重的背景，不易判断，可采用剩磁法避免螺纹根部、凹槽和尖角处磁粉过度堆积。

（五）剩磁法的局限性

1. 只适用于剩磁和矫顽力达到要求的材料。

2. 不能用于多向磁化。

3. 交流剩磁法磁化受断电相位的影响，所以交流探伤设备应配备断电相位控制器，以确保工件磁化效果。

4. 检测缺陷的深度小，发现近表面缺陷灵敏度低。

5. 不适用于干法检验。

三、连续法

（一）连续法工艺程序

连续法是在外磁场作用的同时，对工件施加磁粉或磁悬液，故也称外加磁场法。连续法并不是指磁化电流连续不断地磁化，它通常是断续性通电磁化，操作中应注意磁场的最后切断应在施加磁粉或磁悬液动作完成之后，否则刚刚形成的磁痕容易被搅乱。连续法适用于一切铁磁性材料，比剩磁法有更高的灵敏度，但它的效率要低于剩磁法，有时还会产生一些干扰缺陷磁痕评定的杂乱显示。其检测工艺程序如图 3-2 所示。

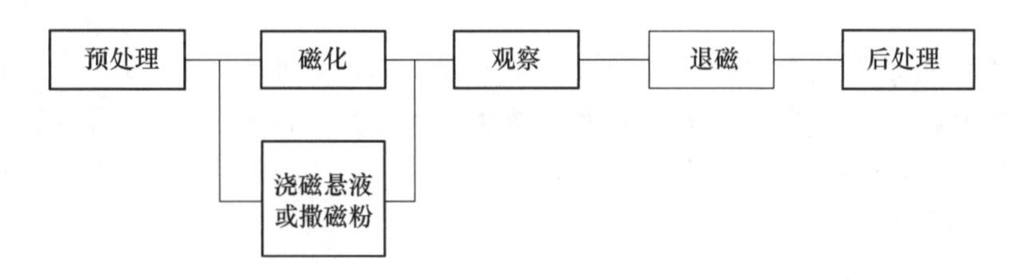

图 3-2　连续法工艺程序

（二）应用范围

1. 适用于所有铁磁性材料和工件的磁粉检测。

2. 工件材料为非高磁导率的，不易得到所需剩磁的工件的检测。

3. 适用于检测表面覆盖层较厚（标准允许范围内）的工件。

4. 使用剩磁法检验时，设备功率达不到要求时。

（三）操作要点

在进行连续法检测时，需要注意以下几点：

1. 湿连续法：先用磁悬液润湿工件表面，在通电磁化的同时浇磁悬液，停止浇磁悬液后再通电数次，通电时间为 1~3 s，停止施加磁悬液至少 1s 后，待磁痕形成并滞留下来时方可停止通电，再进行磁痕观察和记录。

2. 干连续法：对工件通电磁化后开始喷洒磁粉，将磁粉吹成云雾状，轻轻地飘落在被磁化工件表面上，形成薄而均匀的一层。在通电的同时还应用干燥的压缩空气吹去多余的磁粉，风压、风量和风口距离要保持适度，并有顺序地从一个方向吹向另一个方向，注意不应吹掉已经形成的磁痕显示，待磁痕形成与磁痕观察和记录完成后再停止通电。

（四）连续法的优点

1. 适用于任何铁磁性材料。
2. 具有最高的检测灵敏度。
3. 可用于多向磁化。
4. 交流磁化不受断电相位的影响。
5. 能发现近表面缺陷。
6. 可用于湿法检验和干法检验。

（五）连续法的局限性

1. 效率低。
2. 易产生非相关显示。
3. 目视可达性差。

任务 2
认识湿法和干法

按磁粉分散介质分类，磁粉检测方法可分为湿法和干法。

一、湿法

湿法是将磁粉分散、悬浮在适合的液体中，如常用油或水作分散剂，称为油基或水基磁悬液，使用时将磁悬液施加到工件表面。湿法灵敏度高，能检出细微的缺陷，并且磁悬液可以回收重复使用。

（一）应用范围

1. 适用于特种设备上的焊缝、航空构件及灵敏度要求较高的工件的检测。
2. 适用于大批量工件的检测，常与固定式设备配合使用，磁悬液可回收。
3. 适用于检测表面微小缺陷，如疲劳裂纹、磨削裂纹、焊接裂纹和发纹等。

（二）操作要点

1. 磁悬液施加可采用浇淋、喷淋和浸入，但不能采用刷涂法。

2. 连续法宜用浇淋和喷淋，浇口和喷口的压力不能过大，以免磁悬液冲刷掉缺陷上已形成的磁痕显示。

3. 剩磁法宜用浇法、喷法和浸法。浇法和喷法灵敏度低于浸法；浸法的浸放时间一般控制在 10~20s，时间过长会产生过度背景。

4. 用水基磁悬液时，应进行水断试验。

5. 可根据各种工件表面的不同，选择不同的磁悬液浓度。

（三）湿法的优点

1. 用湿法+交流电，检验工件表面微小缺陷灵敏度高。

2. 可用于剩磁法检验和连续法检验。

3. 与固定式设备配合使用，操作方便，检测效率高，磁悬液可回收。

（四）湿法的局限性

检验大裂纹和近表面缺陷的灵敏度不如干法。

二、干法

干法以空气为分散介质，检查时将干燥磁粉用喷粉器喷洒到干燥的被检工件表面，干法适用于粗糙工件表面，如大型铸件、焊缝表面。

（一）应用范围

1. 适用于表面粗糙的大型锻件、铸件、毛坯、结构件和大型焊接件焊缝的局部检查灵敏度要求不高的工件。

2. 常与便携式设备配合使用，磁粉不进行回收。

3. 适用于检测大的缺陷和近表面缺陷。

（二）操作要点

1. 工件表面要干净和干燥，磁粉也要干燥。

2. 工件磁化时施加磁粉，并在观察和分析磁痕后再撤去磁场。

3. 将磁粉轻轻均匀地撒落在被磁化工件表面上，形成薄而均匀的一层。

4. 在磁化时可吹去多余的磁粉，注意不要吹掉已经形成的磁痕显示。

（三）干法的优点

1. 检验大裂纹灵敏度高。

2. 用干法+单相半波整流电，检验工件近表面缺陷灵敏度高。

3. 适用于现场检验。

（四）干法的局限性

1. 检验微小缺陷的灵敏度不如湿法。

2. 磁粉不易回收。

3. 不适用于剩磁法检验。

任务3

认识荧光磁粉检测方法

一、荧光磁粉检测的特点

荧光磁粉检测属于湿法磁粉检测，利用了荧光物质被紫外线照射后，发出黄绿色荧光的特性，借助于暗室环境下工件表面的紫黑色背景，形成较高的对比度，符合人眼的在黑暗环境下对光的敏感特性，使得细小的磁痕显示容易被发现。荧光磁粉检测的灵敏度较非荧光磁粉要高许多。

二、荧光磁粉检测的工艺要点

（一）工件表面粗糙度

荧光磁粉检测因其灵敏度高，被检工件表面粗糙度如果较大，会造成磁悬液留存，在紫外线灯照射下产生过度背景，从而掩盖细小缺陷磁痕的显示。

（二）设备及器材

荧光磁粉检测需配备工作用暗室，配备紫外线灯、紫外辐照计，以及紫外线防护眼镜等劳动防护用品。

（三）工作环境的白光照度与工作用紫外辐照度的关系

一般荧光磁粉检测过程在暗室环境下，暗室内白光照度要求不大于20lx，被检件表面紫外辐照度不低于1000μW/cm^2。近年来有研究表明，在环境白光照度与紫外辐照度满足一定条件时，符合质量验收要求的磁痕显示也能够被检测且观察到。

（四）荧光磁悬液的浓度

为确保细小的不连续导致的漏磁场能够吸附适量的磁粉聚集形成显示，所以磁悬液的浓度是有要求的，浓度不能太小，太小了没有足够的磁粉聚集，不能形成显示，浓度太大了，会使得背景变得太大，会掩盖小磁痕显示，同样会造成漏检。一般情况下，荧光磁悬液的体积浓度在（0.1~0.4）mL/100mL范围内，并定期进行磁悬液浓度和污染检查。

（五）安全

长期接触紫外线会对人的眼睛和皮肤产生损害，需要做好安全防护并定期组织体检。

【项目训练】

一、填空题

1. 根据施加磁粉或磁悬液的时机不同，磁粉检测可以分为________和________。

2. 按磁粉分散介质分类，磁粉检测方法可分为________和________。

3. 荧光磁粉检测属于________（选填“干法”或“湿法”）磁粉检测，其灵敏度较非荧光磁粉要________（选填“高”或“低”）。

二、简答题

1. 复述剩磁法的操作要点。

2. 复述连续法的操作要点。

3. 复述湿法的适用范围。

4. 复述荧光磁粉检测的工艺要点。

项目二：
掌握磁粉检测工艺

【项目目标】

➢ 知识目标

1. 掌握磁粉检测的工艺要点；
2. 掌握不同检测方法的操作注意事项；
3. 掌握选取不同检测方法的原则。

➢ 能力目标

1. 熟练掌握检测步骤，并会在试块上进行检测；
2. 能够判别缺陷磁痕显示。

【项目描述】

磁粉检测工艺流程主要包括工件的预处理、磁化（选择磁化方法和磁化规范）、施加磁粉/磁悬液、磁痕判别、退磁等五个关键环节。准确掌握每个环节的操作要点对提高磁粉检测的可靠性具有十分重要的意义。本项目将按照磁粉检测的工艺流程依次介绍每个环节的操作要点和注意事项。

【项目实施】

任务 1
工件预处理

由磁粉检测的原理可知，磁粉检测是利用铁磁性工件表面或近表面缺陷产生的漏磁场来检测缺陷的。因此，工件的表面状态及其覆盖层对磁粉检测的操作和检测灵敏度都有很大的影响，在实施检测之前，需要对工件进行预处理，按照 GJB 2028A—2019《磁粉检测》以及实际工作要求，工件预处理主要包括以下内容。

一、清除

清除工件表面的油污、灰尘、铁锈、毛刺、氧化皮、金属屑、焊渣、加工标记、厚的或松动的油漆等保护涂层，以及一些外来的会影响灵敏度的物质。使用水基磁悬液时，要注意工件表面的油迹会使水悬液无法润湿工件表面，产生“水断”现象，因此工件表面要严格除油；使用油基磁悬液时，工件表面不应有水分。干法检验时，工件表面应干净和干燥。

二、检测前退磁

依据 GJB 2028A—2019，实施磁粉检测之前，应检查工件在前道工序中是否会产生剩磁，若先前操作产生的剩磁可能干扰检测，则磁化前应对工件进行退磁处理。

三、打磨

有非导电覆盖层的工件用轴向通电法和触头法磁化时，为防止电弧烧伤工件表面和提高导电性，必须将工件与电极接触部位的非导电覆盖层打磨掉。

另外，实际检测过程中被检工件表面的不规则状态不得影响检测结果的正确性和完整性，否则应做适当的修理，且打磨后被检工件的表面粗糙度 Ra 应小于等于 6. 3μm。如果被检工件表面残留有涂层，当涂层厚度均匀且不超过 0. 05 mm，不影响检测结果时，经各方同意，可以带涂层进行磁粉检测。

四、分解

装配件一般应分解后再进行检测。这主要是因为：

1. 装配件的形状和结构一般都比较复杂，磁化和退磁困难。
2. 分解后检测容易操作。
3. 装配件动作面（如滚珠轴承）流进磁悬液后难以清洗，会造成磨损。
4. 分解后能观察到所有检测面。
5. 交界处可能产生漏磁场形成磁痕显示，容易与缺陷的磁痕显示相混淆。

五、封堵和遮蔽

若工件有盲孔和内腔，磁悬液流进后难以清洗时，检测前应将孔洞用非研磨性材料封堵上。但检验使用过的工件时，应确保封堵物不掩盖疲劳裂纹。

六、涂覆

当被检表面与所使用的磁粉颜色对比度较小时，或工件表面过于粗糙而影响磁痕显示时，为了提高对比度，可以在检测前给被检工件表面施加一层反差增强剂。

任务 2
磁化

磁化工件是磁粉检测中较为关键的工序，对检测灵敏度影响很大。磁化不足会导致缺陷的漏检；磁化过度，会产生非相关显示而影响缺陷的正确判别。

磁化工件时，要根据工件的材质、结构尺寸、表面状态和需要发现的不连续性的性质、位置和方向来选择磁化电流、磁化方法和磁化规范等工艺参数，使工件在缺陷处产生足够强度的漏磁场，以便吸附磁粉形成磁痕显示。

一、磁化电流的选择

磁粉检测常用的电流类型有：交流、整流电流（全波整流、半波整流）和直流。

磁化电流的选择是否合理，对检测结果影响很大。如果电流偏小，则缺陷不能产生足够的漏磁场，影响检测灵敏度；如果电流太大，非缺陷部位也会产生漏磁通，使工件本底模糊，给缺陷判断带来困难。而合理的磁化电流则应能够使要求检测出来的缺陷产生足够的漏磁场，形成明显磁痕，同时其他部位的漏磁场应尽可能小。

交流电湿法检测时，检测工件表面微小缺陷的灵敏度高，特别适用于机加工件和在役工件的表面缺陷检测。单相半波整流电适用于工件表面和近表面缺陷的检测，尤其适用于干法检测，因为它能够产生单向脉动磁场，有利于磁粉在工件表面移动，对近表面夹杂、气孔、裂纹等缺陷的检测灵敏度高。全波整流具有最深的可渗透性，采用湿法检测时，可以用来检测表面下缺陷，尤其适用于检测焊接件、铸钢件和表面覆盖层较厚的工件。

二、磁化方法的选择

由漏磁场的影响因素可知，磁化场方向对缺陷的漏磁场大小有影响。当磁化场方向与缺陷扩展方向垂直时，缺陷产生的漏磁场最强，也最有利于缺陷的检出。随着磁化场方向与缺陷扩展方向夹角的不断减小，漏磁场逐渐减弱，当夹角小于30°时，几乎不产生漏磁场，也就无法检出缺陷了。

为了获得较大的缺陷漏磁场，我们要选择合适的磁化方法。根据被检工件的几何形状、装配位置、受力情况等要素，可采用不同方法直接或间接地对工件进行周向、纵向或多向磁化，具体的实施方法可参见入门篇项目三　任务2“掌握磁化方法”。GJB 2028A—2019《磁粉检测》指出当缺陷方向与磁感线方向垂直时，检测灵敏度最高，两者夹角小于45°时，缺陷就很难检测出来了。在选择磁化方法时应遵循以下原则：

1. 磁场方向的选择应尽可能与预计检测的缺陷方向垂直，与检测面平行。
2. 当不能可靠地确定不连续性的方向时应至少对工件在两个垂直方向上进行磁化。
3. 磁场方向的选择应尽可能减小退磁场的影响。
4. 磁场方向的选择应尽可能采用间接磁化方法，如芯棒法等。
5. 必要时可以采用标准试片确定磁场方向。

三、磁化规范的选择

磁化规范规定的是磁化时所需磁场强度的大小。根据检测所需灵敏度要求、工件几何形状与材料磁导率、缺陷类型与位置、磁化方法及磁悬液等，施加产生合适的磁痕显示的磁场强度，该磁场强度不应太强，以免磁粉的非相关聚集掩盖相关磁痕显示。

磁场强度可以通过以下方法来确定：

1. 通过使用霍尔效应探头（特斯拉计等）测定工件表面切向磁场强度。
2. 采用标准试片估计所施加的磁场强度大小。
3. 将工件磁化使其达到足够的磁场强度，直到工件上出现“羽毛状”显示，而后将其强度稍微降低。
4. 利用材料的磁特性曲线来确定磁场强度。
5. 对于规则工件，可采用经验公式计算所需的磁化电流或安匝数，具体的实施方法可参见入门篇项目三　任务3“学习磁化规范”。

四、磁化时的注意事项

1. 磁化规范要求的交流磁化电流值为有效值，整流电流值为平均值。

2. 直接通电磁化法适合检查棒材、管材等工件的外表面缺陷。采用直接通电法磁化工件时，应注意工件与电极之间接触良好，有较大的导电接触面，否则，容易局部烧伤工件。因此，对精密工件，如抛光、磨削、镀层的工件，以及材质不允许局部加热的工件，应避免采用直接通电法，以免烧伤工件。

3. 穿棒法适合检查管、环件内外表面轴向缺陷和端面的径向缺陷。此外，对于小型的管、环工件，也可以将数个工件一起穿在芯棒上一次磁化，以提高工效。由于穿棒法电流从芯棒中流过，不会发生直接通电法中烧伤工件的现象。对于大型的管、环工件，不能安放到检测装置中检查时，也可以用电缆代替芯棒。

4. 支杆法是一种局部通电磁化方法，适合对大型工件的局部进行磁化，也可适用于管、棒材等轴类工件，这时产生的磁场与直接通电法并无差异。

支杆法是直接对工件通电磁化的，如果支杆与工件接触不好，在接触部位会产生火花，电弧影响工件表面质量，对于抛光、电镀表面应避免使用。为保证接触部位良好导电，在电极端应配置铜网或铅垫；同时工件通电部位应清除掉影响导电的氧化皮、油脂等脏物，避免因导电面积太小而烧伤工件。此外，还应注意，支杆在接触和离开工件时，都应在断电状态下进行，否则将产生电弧和火花。

5. 线圈法是一种纵向磁化方法，磁场的轴向分量随离开线圈中点的轴向距离的增大而减小。因此，线圈磁化时，存在一个能满足检测要求的有效磁化区。当被检件置于线圈中心磁化时，被检件的有效磁化范围一般在线圈中心两端约等于线圈的半径；被检件置于内壁磁化时，被检件的有效磁化范围约为线圈宽度两侧各延伸 150mm 范围，实际的有效磁化长度应根据具体的被检件利用标准试片加以确认。对于长度大于有效磁化长度的被检件，应分段磁化，使之有 10%的有效磁场重叠；被检件的长径比小于等于 2 时，应将被检件彼此串联起来磁化，或在被检件两端连接与被检件材料相近的延长块。

6. 磁轭法是一种局部磁化方法。使用磁轭法时，应注意使工件与磁轭有良好的接触。接触不良，随着接触面气隙的增大，对工件表面磁场强度的损失较为严重。同时还会在接触部位产生相当强的漏磁场，它会吸附磁粉，使得所在区域内缺陷磁痕无法辨认，形成盲区。使用固定式电磁轭时，还应注意工件与轭铁接触截面面积上的匹配。

任务 3

施加磁粉/磁悬液

施加磁粉或磁悬液要注意掌握施加的方法和时机。连续法和剩磁法、干法和湿法对施加磁粉或磁悬液的要求各不相同。

一、施加的时机

（一）连续湿粉法

先将磁悬液充分搅拌均匀，并用磁悬液将工件表面润湿，然后在磁化的过程中施加磁悬液，停止浇注磁悬液后还应再磁化2~3次，每次0.5~1s，检验可在通电的同时或断电之后进行。

（二）连续干粉法

由于干粉法用的磁粉接触到工件表面会失去流动性，因此应在施加磁粉前进行磁化，在磁化的同时以最小的力呈云雾状将干粉喷到工件表面，并在磁化场尚未去掉之前用适度压力的干燥空气将多余的磁粉吹掉后再除去磁化电流。

（三）剩磁法

将磁悬液充分搅拌均匀，往工件上浇注2~3遍，每次间隔约10s。液压应微弱，表面应均匀润湿，或将工件浸入磁悬液槽中约10s，然后取出，停放1~2min后再进行观察分析。

二、施加的方法

施加干磁粉或磁悬液的方法应根据选择的磁粉检测方法和工件的具体情况来选择。常用的磁悬液施加方法有喷涂法和浸涂法，干磁粉的施加方法主要是喷涂法。

任务4
磁痕判别

一、认识磁痕

（一）磁痕的定义

磁粉检测是利用磁粉聚集形成的磁痕来显示工件上的不连续性和缺陷的。通常我们把磁粉检测时磁粉聚集形成的图像称为磁痕，磁痕的宽度一般为不连续性缺陷宽度的数倍，因此磁痕对缺陷的宽度具有放大的作用。

（二）磁痕的分类

产生磁痕的原因很多，根据产生磁痕的原因不同，磁痕可以分为伪磁痕、非相关磁痕和相关磁痕。

1. 伪磁痕

伪磁痕是指由非漏磁场形成的磁痕显示。它的产生原因主要如下。

（1）工件表面粗糙

工作表面凹陷处容易滞留磁粉形成伪磁痕。它的磁痕特征是磁粉堆积松散，轮廓不清晰，如图3-3所示。在鉴别时，可以通过在载液中漂洗的方法去除伪磁痕，而在干粉法中，用洗耳球轻轻地吹一下，也可以去除伪磁痕，伪磁痕不具有复现性。

（2）工件表面不干净

工件表面不干净也容易产生伪磁痕。比如，工件表面的油污，容易黏附磁粉形成伪磁痕，这种现象在干粉检测时最常见。它的磁痕特征是磁粉堆积松散，如图3-4所示。在鉴别时，可以对工件表面进行清洁后，重新喷洒磁粉或磁悬液，伪磁痕消失。

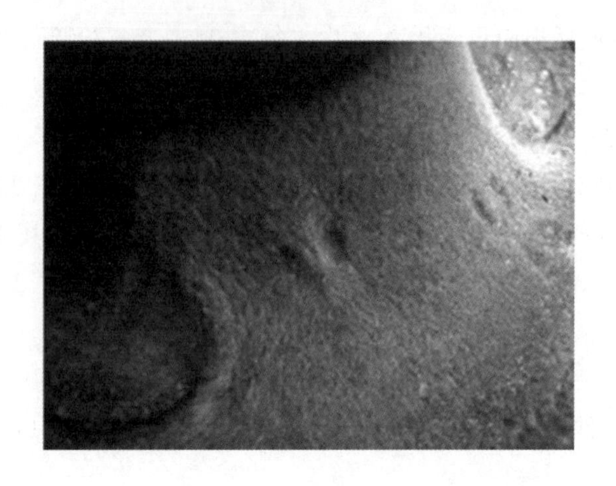

图 3-3　伪磁痕（粗糙的铸件表面磁粉滞留）

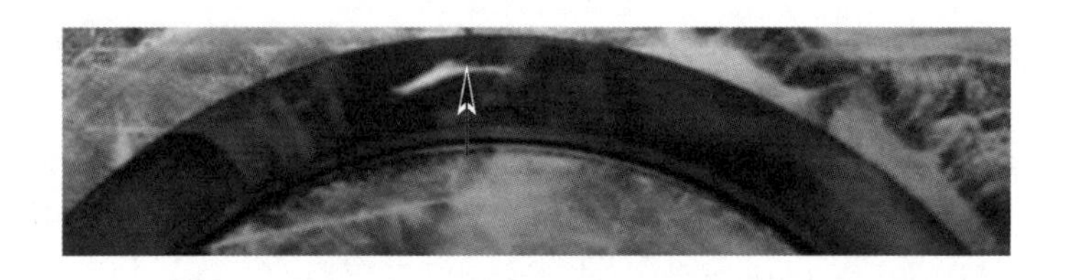

图 3-4　伪磁痕（棉纱纤维）

（3）磁悬液有杂质

在湿法检验中，磁悬液中的杂质，如纤维线头等，黏附磁粉滞留在工件表面，其形状与裂纹相似，容易误认为是磁痕显示，可以通过在白光下仔细观察进行辨认。

（4）工件表面的氧化皮、油漆斑点等

当工件表面存在氧化皮、油漆斑点等物质时，其边缘容易滞留磁粉形成伪磁痕显示。这类磁痕中磁粉的堆积较多，通过在白光下仔细观察或漂洗工件即可鉴别。

（5）工件外形的影响

工件的结构，比如螺纹处，极易滞留磁粉形成磁痕显示，如图 3-5 所示。这种显示有的类似缺陷显示，但漂洗后磁痕不再出现。

图 3-5　伪磁痕（螺纹牙底磁粉滞留）

（6）磁悬液浓度过大

磁悬液浓度过大或施加不当也会产生伪磁痕。当磁悬液浓度过大时，大量磁粉会滞留在工件表面，形成过度背景，如图 3-6 所示。它的磁痕特征是磁粉堆积松散，磁痕轮廓不清晰，漂洗后磁痕去除，并且不再出现。

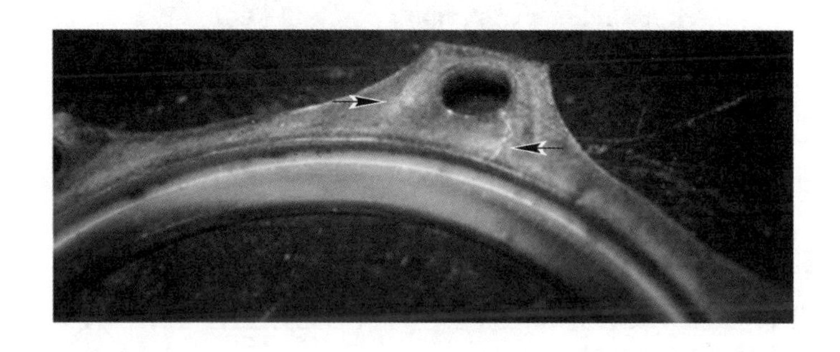

图 3-6　伪磁痕（磁悬液浓度过大）

以上就是伪磁痕的产生原因，伪磁痕通常不具有重复性，在除去影响因素后，不会重复出现。

2. 非相关磁痕

非相关磁痕是指由磁路截面突变和材料磁导率变化等原因产生的漏磁场形成的磁痕显示，它的产生原因主要如下。

（1）磁极和电极附近容易产生的非相关显示

其产生原因是在磁极或触头附近的漏磁场，吸附磁粉形成的。磁痕堆积松散，退磁后重做消失，如图 3-7 所示。

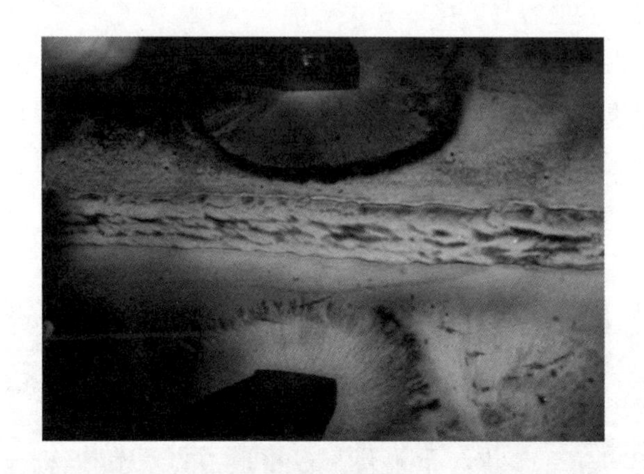

图 3-7　非相关磁痕（电磁轭磁极附近漏磁场）

（2）工件截面突变处容易产生非相关磁痕

其磁痕特征也是堆积松散，并且有一定宽度，如图 3-8 所示。这类非相关磁痕通常与工件的结构有关，会有规律地出现在同样的位置处。

图 3-8　非相关磁痕（尖角应力集中）

（3）磁写

两个被磁化工件接触，或未被磁化铁磁性材料与已被磁性化工件接触，局部磁性变化发生磁写现象。其磁痕特征松散不均，退磁后再次磁化，磁痕消失不再出现，如图 3-9 所示。

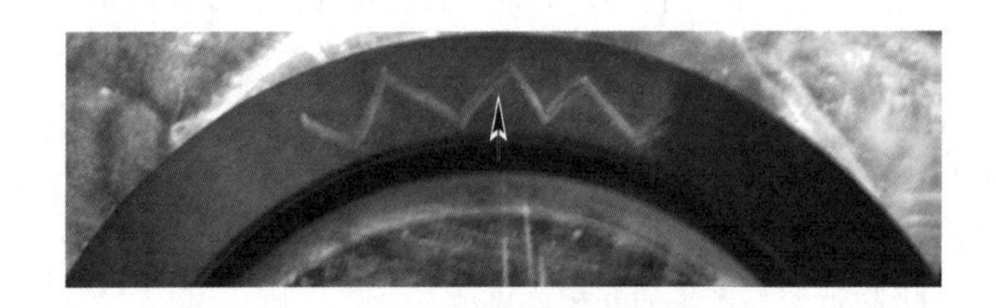

图 3-9　非相关磁痕（磁写，零件磁化后用钢螺钉书写而成的折线）

（4）两种材料的交界处容易产生非相关磁痕

它的产生原因是两种材料的磁导率相差较大而导致漏磁场，通常出现在焊缝的检查中。它的磁痕特征是：有的堆积松散，有的浓密清晰，类似裂纹磁痕显示，在整条焊缝都出现，如图 3-10 所示。我们在鉴别时需要结合焊接工艺、母材与焊条材料进行分析。

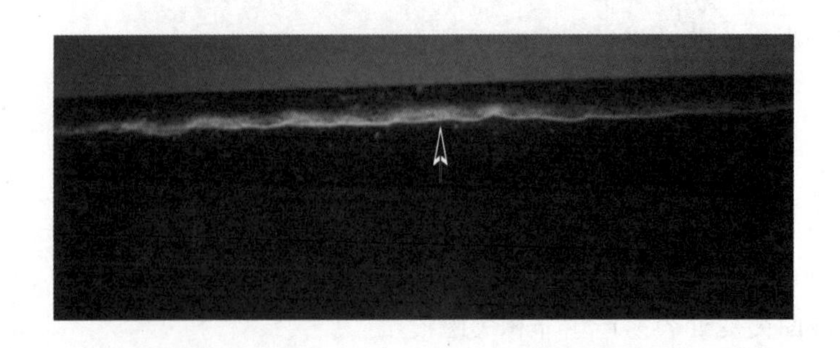

图 3-10　非相关磁痕（叶片组件焊缝，基体 1Cr17Ni2，奥氏体不锈钢焊条）

此外，磁化电流过大也容易产生非相关磁痕，特别是棱角处容易产生漏磁场，形成磁痕。它的磁痕特征是松散，并且沿工件棱角分布。通常在退磁后选用合适的电流磁化，磁痕消失。

综合可见，非相关磁痕的形成与工件的结构及加工工艺有很大关系，它往往出现在结构变化处，与相关磁痕有相似之处，但通常磁痕模糊，没有清晰的轮廓，而且有一定的规律性。在鉴别的时候要小心区分。

3. 相关磁痕

相关磁痕是指由缺陷产生的漏磁场形成的磁痕显示，它影响了工件的使用性能，如图3-11所示。工件在使用过程中常见的缺陷显示有以下几种。

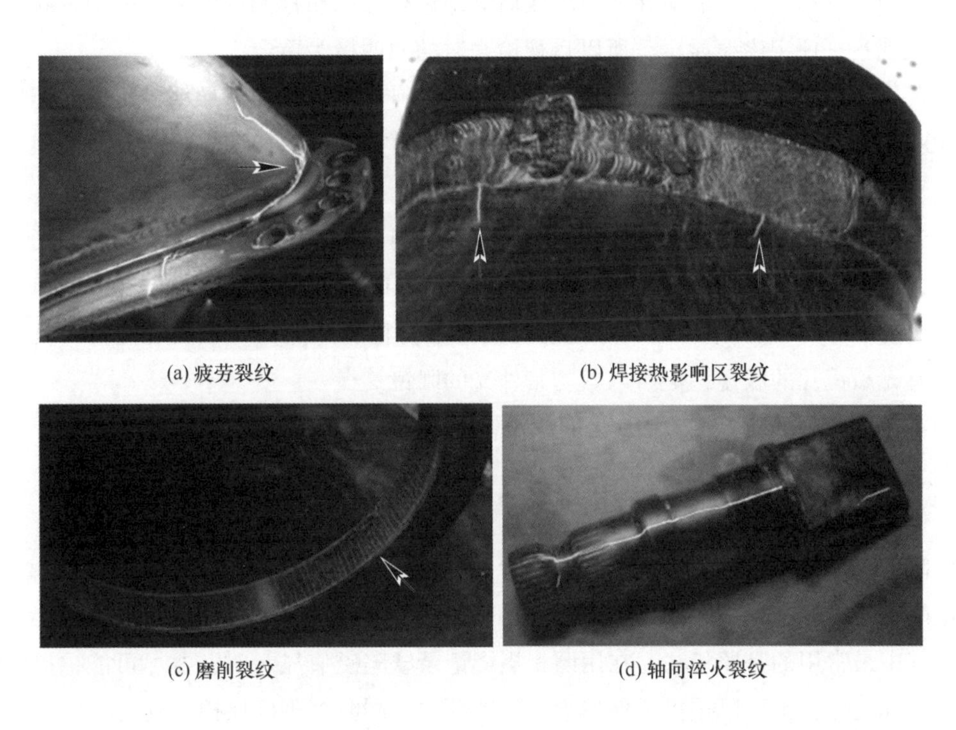

(a) 疲劳裂纹　(b) 焊接热影响区裂纹

(c) 磨削裂纹　(d) 轴向淬火裂纹

图3-11　相关磁痕显示

(1) 疲劳裂纹缺陷显示

疲劳裂纹主要是在工件使用过程中，由于受到反复的交变应力作用而产生的。

它的磁痕特征是：裂纹中间粗，两头细，中部磁粉聚集较多，而两端逐渐减少，显示浓密清晰。有时成群出现，在主裂纹的旁边还有一些平行的小裂纹。

(2) 应力腐蚀裂纹缺陷显示

应力腐蚀裂纹主要是工件材料在特定腐蚀介质和拉应力共同作用下产生的。在进行磁粉检测时，需要先对腐蚀表面进行清理，它的磁痕显示浓密清晰。

(3) 焊缝裂纹显示

焊修是航空维修的主要手段之一，因此对焊缝进行磁粉检测是探伤人员的主要工作之一。按裂纹的产生温度，焊缝裂纹分为焊接热裂纹和焊接冷裂纹。

①热裂纹：一般在焊接完毕即刻出现，裂纹沿晶扩展，有纵向、横向或弧坑裂纹，裂纹浅而小，它的磁痕特征清晰而不浓密。

②冷裂纹：一般在焊后几小时或几十小时甚至几天后才出现。冷裂纹多数为纵向，且深而粗大。磁痕特征浓密清晰，容易引起脆断，危害极大。为避免漏检，这类缺陷一般安排在焊后 24h 或 36h 进行。

二、磁痕观察

磁痕的观察和评定一般应在磁痕形成后立即进行。磁粉检测的结果，完全依赖检测人员的目视观察来评定磁痕显示，所以目视检查时的照明极为重要。

非荧光磁粉检测时，被检工件表面应有充足的自然光或日光灯照明，可见光照度应不小于 1000lx，并应避免强光和阴影。当现场采用便携式手提灯照明，由于条件所限无法满足时，可见光照度可以适当降低，但不得低于 500lx。

荧光磁粉检测时使用黑光灯照明，并应在暗室内进行，暗室的环境可见光照度应不大于 20lx，被检工件表面的黑光辐照度应大于或等于 $1000\mu W/cm^2$。检测人员进入暗室后，至少应经过 3min 的暗区适应后，才能进行荧光磁粉检测的操作。检测时检验人员不准戴墨镜或有光敏镜片的眼镜，但可以戴防紫外光的眼镜。

当辨认细小磁痕时可用 2～10 倍的放大镜进行观察。

三、缺陷磁痕显示记录

工件上的缺陷磁痕显示记录有时需要连同检测结果保存下来，作为永久性记录。

缺陷磁痕显示记录的内容是：磁痕显示的位置、形状、尺寸和数量等。

缺陷磁痕显示记录一般采用以下方法：照相法、贴印法、录像法、可剥性涂层、临摹法等。其中最常用的是照相法，在用照相摄影记录缺陷磁痕显示时，要尽可能拍摄工件的全貌和实际尺寸，也可以拍摄工件的某一特征部位，同时把刻度尺拍摄进去。

如果使用黑色磁粉，最好先在工件表面喷一层很薄的反差增强剂，这样就能拍摄出清晰的缺陷磁痕照片。

如果使用荧光磁粉，不能采用一般照相法，因为观察磁痕是在暗区黑光下进行的，如果采用照相法还应采取以下措施：

1. 在照相机镜头上加装 520 号淡黄色滤光片，以滤去散射的黑光，而使其他可见光进入镜头。

2. 在工件下面放一块荧光板（或荧光增感屏），在黑光照射下，工件背衬发光，轮廓清晰可见。

3. 最好用两台黑光灯同时照射工件和缺陷磁痕显示。

任务5
退磁

一、剩磁的产生与影响

（一）剩磁产生的原因

剩磁产生的原因有：磁粉检测时对工件的磁化；工件被磨削、电弧焊接、低频加热、与强磁体（如机床的磁铁吸盘）接触或滞留在强磁场附近，以及当工件长轴与地磁场方向一致并受到冲击或振动被地磁场磁化等。铁磁性材料和工件一旦被磁化，即使除去外加磁场后，某些磁畴仍会保持新的取向而不会恢复到原来的随机取向状态，于是该材料就保留了剩磁。剩磁的大小与材料的磁特性、材料的最近磁化情况、施加的磁场强度、磁化方向和工件的几何形状等因素有关。

在不退磁时，纵向磁化会在工件的两端产生磁极，所以纵向磁化较周向磁化产生的剩磁有更大的危害性。而周向磁化（如对圆钢棒磁化）的磁路完全封闭在工件中，不产生漏磁场，但是在工件内部的剩磁周向磁化要比纵向磁化大；这可以通过在周向磁化过的工件上开的纵向深槽中测量剩磁来证实，但用测剩磁仪器测出的工件表面的剩磁很小。

（二）剩磁产生的影响

工件上保留剩磁，会对工件进一步的加工和使用造成很大的影响，例如：

1. 工件上的剩磁会影响装在工件附近的磁罗盘和仪表的精度和正常使用。
2. 工件上的剩磁会吸附铁屑和磁粉，在继续加工时影响工件表面的粗糙度和刀具使用寿命。
3. 工件上的剩磁会给清除磁粉带来困难。
4. 工件上的剩磁会使电弧焊过程中的电弧产生偏吹现象，导致焊位偏离。
5. 油路系统的剩磁会吸附铁屑和磁粉，影响供油系统的畅通。
6. 滚珠轴承上的剩磁会吸附铁屑和磁粉，造成滚珠轴承磨损。
7. 电镀钢件上的剩磁会使电镀电流偏离期望流通的区域，影响电镀质量。
8. 对多次磁化的工件，上一次磁化的剩磁会给下一次磁化带来不良影响。

由于上述影响，故应对工件进行退磁。退磁就是将工件内的剩磁减小到不影响使用程度的工序。但有些工件上虽然有剩磁，却并不影响进一步加工和使用，此时可以不退磁，例如：

1. 工件磁粉检测后若下道工序有热处理，还要将工件加热至700℃以上时（即被加热到居里点温度以上）。
2. 工件是低剩磁高磁导率材料，如用低碳钢焊接的工件。
3. 工件有剩磁不影响使用。

4. 工件将处于强磁场附近。

5. 工件将受电磁铁夹持。

6. 交流电两次磁化工序之间。

7. 直流电两次磁化，后道磁化用更大的磁场强度。

二、退磁的原理

退磁是使磁化后的工件失去磁性的过程。

由磁化曲线可知，磁化后的工件，当外加磁场 H 减小到 0，工件中仍然具有剩磁 B_r。如果要使工件中的剩磁等于零，可以加一个反向磁场 $H_{反}$，当 $H_{反}$ 等于 H_c时，工件中的剩磁恰好为零，这个 H_c称为矫顽力。

通过施加矫顽力可以实现工件的退磁，这种方法称为矫顽力退磁法。

但事实上，不同材料的矫顽力是不同的，在实际操作中很难控制矫顽力的大小，因此很难达到完全退磁的目的。

从磁滞回线中我们发现，由于矫顽力 H_c总是小于磁化时的磁场强度 H_s。如果将工件置于交变磁场中，磁场大小大于矫顽力 H_c而小于或等于磁化场强度 H_s，利用磁滞回线递减进行退磁。随着交变磁场的幅值逐渐衰减，磁滞回线的轨迹也越来越小。当磁场逐渐衰减到零时，会使工件中残留的剩磁接近于零，退磁原理如图 3-12 所示。由此可看出，退磁时电流与磁场的方向和大小的变化必须“换向和衰减同时进行”。

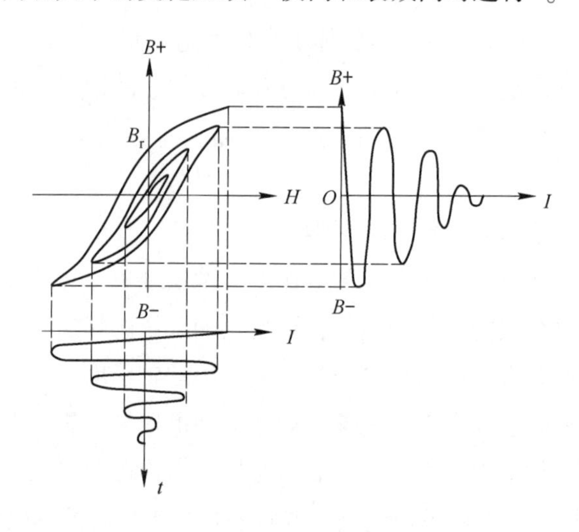

图 3-12 退磁原理

在退磁过程中为了保证退磁效果，还要注意一“大”一“小”两个问题：

1. 一个“大”问题是指衰减之前，退磁场要足够大，必须克服材料的矫顽力。

2. 一个“小”问题是指衰减过程中，磁场每次衰减的量尽可能小。尤其是采用距离衰减时，递减的速率要缓慢。

三、退磁方法与操作

(一) 交流电退磁

交流电（50Hz）磁化过的工件用交流电（50Hz）退磁，可采用通过法或衰减法，并可组合成以下几种方式。

1. 线圈通过法

在采用线圈法对工件进行磁化时，同样采用线圈法对工件退磁。具体做法有两种：一是线圈不动工件动，通过使工件远离线圈，让磁场逐渐衰减到零；二是工件不动线圈动，通过使线圈远离工件，让磁场逐渐衰减到零。

对于中小型工件的批量退磁，最好把工件放在装有轨道和拖板的退磁机进行退磁。退磁时，将工件放在拖板上置于线圈前 30cm 处，线圈通电时，让工件沿着轨道缓慢地从线圈中通过并远离线圈，在工件远离线圈至少 1m 以外后方可断电。

对于不能放在退磁机上退磁的重型或大型工件，也可以将线圈套在工件上，通电时缓慢地让线圈通过并远离工件，最后在远离工件至少 1m 以外处断电。

2. 电流衰减法

电流衰减法主要是针对具有自动衰减退磁器或调压器的交流电磁粉探伤设备的一种退磁方法。由于交流电的方向不断地换向，故可用自动衰减退磁器或调压器将电流逐渐衰减到零进行退磁。如将工件放在线圈内、夹在探伤机的两磁化夹头之间或用支杆触头接触工件后将电流衰减到零进行退磁。交流电退磁电流波形如图 3-13 所示。

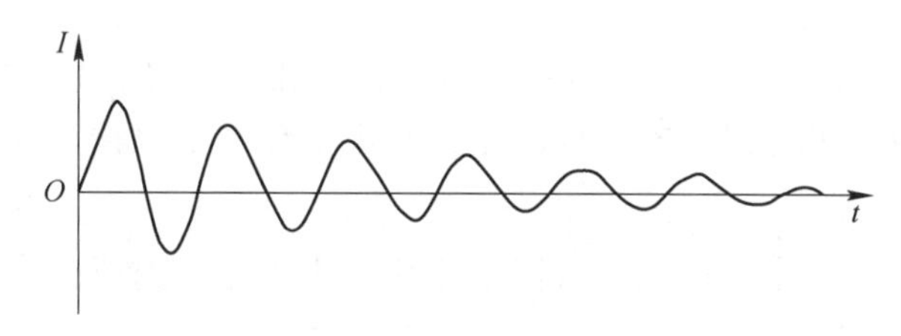

图 3-13　交流电退磁电流波形

3. 距离衰减法

距离衰减法主要是利用交流电磁轭进行退磁的方法。当工件用磁轭磁化时，再利用磁轭退磁，由于交流电磁轭产生的磁场方向是不断变换的，因此可通过让电磁轭从工件缓慢移动，逐渐远离工件 1m 以外再断电的方式，完成退磁。

(二) 直流电退磁

直流电磁化过的工件用直流电退磁，可采用直流换向衰减退磁、超低频电流自动退磁或加热工件等方法。

1. 直流换向衰减退磁

通过不断改变直流电（包括三相全波整流电）的方向，同时使通过工件的电流递减到零进行退磁，直流电退磁电流波形如图 3-14 所示。

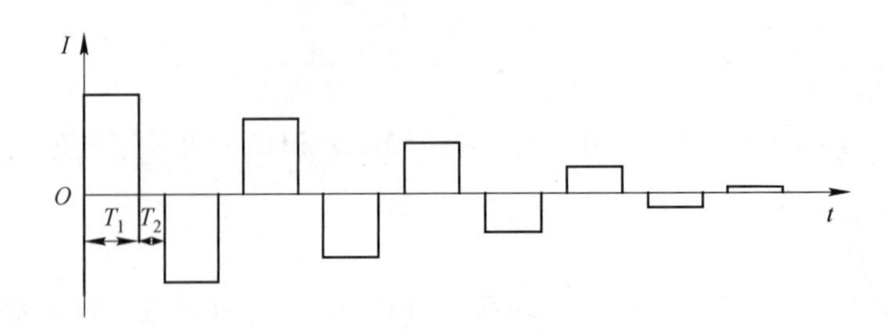

图 3-14　直流电退磁电流波形

图 3-14 中 T_1 为电流导通时间间隔，T_2 为电流断电时间间隔，要保证在断电时电流换向。电流衰减的次数应尽可能多（一般要求 30 次以上），每次衰减的电流幅度应尽可能小，如果衰减的幅度太大，则达不到退磁的目的。

2. 超低频电流自动退磁

超低频通常指频率为 0.5~10Hz，可用于对三相全波整流电磁化的工件进行退磁。如 CZQ-6000 型超低频退磁电流频率分为 3 档：0.39Hz，1.56Hz 和 3.12Hz；退磁一次的时间也分为三档：0~15s，0~30s 和 0~60s。

3. 通过加热工件退磁

通过加热提高工件温度至居里点温度以上，是最有效的退磁方法，但这种方法通常不经济，所以不实用。

四、退磁注意事项

1. 退磁用的磁场强度，应大于（至少要等于）磁化时用的最大磁场强度。

2. 对周向磁化过的工件退磁时，应将工件纵向磁化后再纵向退磁，以便能检出退磁后存在的剩磁大小。

3. 交流电磁化，用交流电退磁；直流电磁化，用直流电退磁。直流退磁后若再用交流电退磁一次，可获得最佳效果。

4. 线圈通过法退磁时应注意：

（1）工件与线圈轴应平行，并靠内壁放置。

（2）工件（L/D）≤2 时，应使用延长块加长后再进行退磁。

（3）小工件不应以捆扎或堆叠的方式放在筐里退磁。

（4）不能采用铁磁性的筐或盘摆放工件退磁。

（5）环形工件或复杂工件应一边旋转一边通过线圈进行退磁。

（6）工件应缓慢通过并远离线圈 1m 后方可断电。

（7）退磁机应沿东西方向放置，退磁的工件也应沿东西方向放置，与地磁场垂直可有效退磁。

（8）已退磁的工件不要放在退磁机或磁化装置附近。

五、剩磁测量

即使使用同样的退磁设备，不同材料、形状和尺寸的工件．其退磁效果仍不相同。因此应对工件退磁后的剩磁进行测量，尤其对剩磁有严格要求和外形复杂的工件。

剩磁测量可采用剩磁测量仪，也可采用 XCJ 型或 JCZ 型磁强计测量。依据 GJB 2028A—2019《磁粉检测》，工件退磁后，用磁强计在任何部位上所测得的剩磁值，除非另有规定，一般应不大于 0.3mT（或 3Gs）。对于形状较为复杂的工件，测量剩磁时应将磁强计置于所有几何突变处。

使用磁强计测量剩磁时，应注意：为了消除地磁场的影响，磁强计应沿东西方向放置。将磁强计上有箭头指向的一侧紧靠工件被测部位，指针偏转角度的大小代表剩磁大小。另外，磁强计属于弱磁测量仪器，不能用于测量强磁场，也不允许放入强磁场影响区，以防止精度受到影响。

【项目训练】

一、填空题

1. 磁粉检测工艺流程主要包括________、________、________、________和________等五个关键环节。
2. 根据产生磁痕的原因不同，磁痕可以分为________、________和________。

二、简答题

1. 磁化时需要注意哪些问题？
2. 如何区分伪磁痕、非相关磁痕和相关磁痕？
3. 为什么要退磁？退磁的原理是什么？

项目三：
了解磁粉检测–橡胶铸型法

【项目目标】

- 知识目标
  1. 了解磁粉检测–橡胶铸型法的原理及特点；
  2. 知道磁粉检测–橡胶铸型法的适用范围。
- 能力目标

  知道磁粉检测–橡胶铸型法的工艺流程。

【项目描述】

磁粉检测是通过对磁痕的观察来识别缺陷的，然而在实际检测中，飞机上某些部位，比如某些管状零件的内表面、盲孔以及螺栓孔内壁等部位，很难直接观察到磁痕显示，为了解决这类难题，美国航空公司在20世纪70年代初，首创了磁橡胶检查法（MRI）。我国航空工业部的郑文仪在MRI的基础上发明了磁粉检测–橡胶铸型（MT–RC）法，为检测小孔内壁早期疲劳裂纹提供了一种新型无损检测方法。本项目我们将认识磁粉检测–橡胶铸型法，了解其工艺流程。

【项目实施】

任务1
认识磁粉检测–橡胶铸型法

一、磁粉检测–橡胶铸型法

磁粉检测–橡胶铸型法是由我国航空工业部的郑文仪在磁橡胶检查法（MRI）的基础上发明的，主要为了解决小孔内壁等不易直接观察到磁痕显示的问题。这种方法是将磁粉检测与橡胶铸型结合使用，采用剩磁法，将检测出来的缺陷磁痕显示通过“贴印”在室温硫化硅橡胶加固化剂所形成的固化橡胶铸型表面，再对橡胶铸型上复制的磁痕显示用目视或显微镜观察的方式，进行磁痕分析和评定。因此命名为磁粉检测–橡胶铸型法，简称MT–RC法。

二、磁粉检测–橡胶铸型法的原理

MT–RC法是将磁粉探伤所显示出来的缺陷磁痕采用室温硫化硅橡胶进行复印，根据复印所得的橡胶铸型进行常规或显微分析。因此它是特别适用于检查孔壁裂纹的一种无损检测方法。

三、磁粉检测-橡胶铸型法的特点

1. MT-RC 的优点

（1）检测灵敏度高，可发现长度为 0.1~0.5mm 的早期疲劳裂纹。

（2）可较精确测量裂纹长度，并可获得裂纹扩展数据。

（3）裂纹磁痕与背景的对比度好，容易辨认。

（4）工艺容易掌握，适于外场检查。

（5）橡胶铸型可作永久记录，长期保存。

2. MT-RC 法的局限性

（1）只限用于铁磁性材料。

（2）可检测的孔深受橡胶拉断强度的限制。

（3）孔壁粗糙、孔型复杂、同心度差的多层结构的孔及其层间间隙均会增加脱模难度。

四、磁粉检测-橡胶铸型法的适用范围

根据磁粉检测-橡胶铸型法的检测原理，它的适用范围主要如下。

1. 用于视线不可达或可达性差的部位。这些部位因观察困难，使磁粉探伤的应用受到限制，特别是直径很小（但孔径不小于 3mm）的内孔孔壁，检查起来难度就更大。

飞机在服役过程中，大梁螺栓孔内出现疲劳裂纹，裂纹的方向与轴线平行，集中出现于孔的受力部位，铰刀振颤而产生的轴向刀痕也常常引起疲劳开裂，早期的疲劳裂纹很小，长度大部分在 1mm 以下，螺栓孔细而深，用磁粉探伤法很难观察和判断，裂纹尺寸不好估计，结果难以记录。

MT-RC 法可成功地用于飞机大梁螺栓孔的检查。橡胶铸型法展现出螺栓孔内表面的全貌并记录下全部缺陷。可在读数显微镜下精确测定磁痕的长度，并可给工件照相，将相片与工件一起作为永久记录长期保存。

2. 用于监视疲劳裂纹的起始和发展。金属在反复加载的周期应力作用下，便可产生疲劳裂纹。疲劳裂纹是由微观到宏观逐步发展起来的。在强度试验时，感兴趣的常常是长度在 0.2mm 以下的早期疲劳裂纹。在此之前，没有一种方法能保证以高度的可靠性将其检测出来，而 MT-RC 法因可将橡胶铸型件用显微镜观察而能圆满地完成这一任务，它还可以监视和记录疲劳裂纹的扩展过程。

3. 伺服阀阀套、旁通阀套、空心螺栓等内壁承受压力较大的零件，可用此方法检查。伺服阀阀套外形复杂，有多个方形或圆形侧孔，试验前可用蜡封工艺堵塞侧孔，即选用芯棒塞住需探伤的内孔，然后热浸石蜡，把侧孔用蜡封死，冷却后取出芯棒，再进行 MT-RC 法检查。

4. 磁痕复印，在磁粉探伤过程中常遇到需要记录的情况。例如，锅炉和压力容器，有时需要记录裂纹长度，以监视其扩展速度。飞机在服役过程中，发动机在运转过程中，都需要记录缺陷，存档立案长期保存。MT-RC 法远远胜于用透明胶纸或塑料薄膜等记录方法，表面不平亦无妨碍。

5. 采用 MT-RC 法复印磁痕时，为了使磁痕清晰，可使磁悬液停留时间稍长，或使用浓度稍大的磁悬液，然后用乙醇轻轻漂洗受检表面，保证表面清洁，磁痕更清晰。

任务 2

了解磁粉检测-橡胶铸型法的工艺

一、检测材料

（一）胶料

MT-RC 法所用橡胶材料为室温硫化硅橡胶。这种橡胶加入适量的硫化剂，在室温条件下能够固化成有弹性的固态橡胶。所用橡胶牌号及其性能如表 3-2 所示。

表 3-2　室温硫化硅橡胶及其性能

牌号	外观	填料	黏度/(Pa·s)	拉断强度	拉断伸长率
107-1	无色透明流动液体	无	0.2~0.7	—	—
106	灰白色流动胶状物	含 SiO、ZnO 等	<20	170	150
SDL-1-42	灰白色流动胶状物	含 SiO、ZnO 等	0.8~2	>110	120~150
SD-33	半透明流动液体	无	—	≥40	—

注：106 与 107-1 橡胶液通常按 1∶1 或者 2∶3 的比例混合均匀后使用，允许根据具体情况加以调整；106 与 SD-33 橡胶液通常按 1∶4 的比例混合均匀后使用，允许根据具体情况加以调整；SDL-1-42 橡胶液可单独使用。

（二）硫化剂

常用硫化剂有［正硅酸乙酯（触媒）3 份，二月桂酸二丁基锡（交联剂）1 份］、［正硅酸乙酯（触媒）3 份，异辛酸亚锡（交联剂）1 份］和 3 号硫化剂，硫化剂配方参见 HB 5370—1987《磁粉探伤-橡胶铸型法》。

（三）磁粉

MT-RC 法所用磁粉为优质黑色氧化铁粉，性能应符合 GJB 2028A—2019《磁粉检测》的规定。

（四）磁悬液

用无水乙醇与磁粉配成磁悬液，磁悬液浓度在 1~3g/L。

为提高检测灵敏度，也可先用无水乙醇与磁粉配成浓度为 4~10g/L 的磁悬液，沉淀 1~2min 后，将沉淀层上方的磁悬液倒出备用，经分选的磁悬液是半透明的浅黑色液体时，可认为浓度合适。

注意：磁悬液必须能够检出标准缺陷样件上的小裂纹才可使用。

二、检测设备与器材

（一）设备

CED-2000 型便携式磁粉探伤仪（或同类设备）。

（二）辅助器材

10 倍放大镜、低压工作灯、吹风机、手电钻、天平、洗耳球、滴瓶、滴管、塑料杯、浇口杯、铜棒或铜丝、玻璃棒、细竹棍、塑料塞、金相砂纸、麂皮、绸布或纱布、胶布或胶纸、玻璃纸、试样袋等。

三、检测工艺（以机翼主梁螺栓孔为例）

（一）表面准备

1. 将螺栓分解下来，用溶剂洗去孔内外表面的灰尘、油污、锈斑，再用干净布裹在竹棍或木棍上蘸上乙醇仔细地擦拭孔壁。

注意：不要用铁棍代替竹棍或木棍，否则可能在孔壁上引起“磁写”。

2. 螺栓孔的粗糙度 Ra 一般要求不大于 6.3μm。必要时，可用钻头上裹有“00”号金相砂纸的手电钻打磨孔壁，再进行抛光，然后按上一步的方法进行擦洗。

注意：金相砂纸打磨有可能损伤早期疲劳裂纹，对于疲劳试验飞机的主梁螺栓孔应慎用。

（二）磁化

1. 采用剩磁法进行磁化。

2. 检查孔壁轴向裂纹采用穿棒法。即把铜棒插入螺栓孔，使交流电从棒上通过，通电时间 0.2~1s，电流安培值严格规范按照 $I=45D$，一般规范按照 $I=25D$ 进行（D 为孔的直径，单位为 mm）。

注意：铜棒要清洁，不要将脏物带入孔中。

3. 如果相邻两个螺栓孔的间距小于 50mm，依次磁化时，后孔磁化会使孔退磁。为此，推荐采用图 3-15 的磁化方法，或按孔序间隔检查，如先检查 1 孔、3 孔、5 孔……再检查 2 孔、4 孔、6 孔……

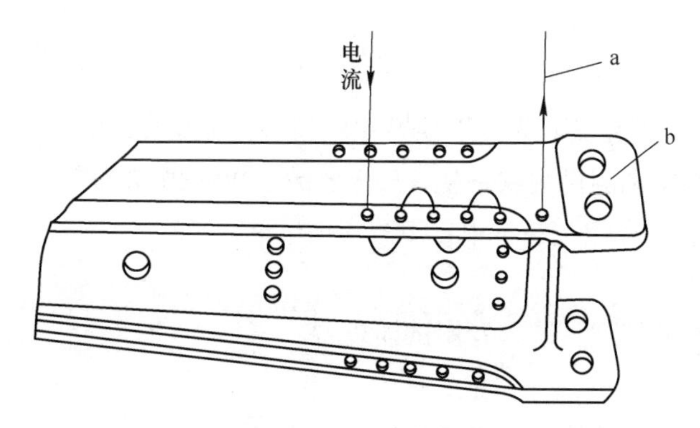

图 3-15 主梁螺栓孔磁化示意图

a—带绝缘套的铜丝；b—机翼主梁

（三）浇注磁悬液

磁化之后，将配好的磁悬液搅拌均匀吸入洗耳球或滴管中，对竖直的螺栓孔，可用手指（或塑料塞）堵住螺栓孔底部，摇晃洗耳球，将磁悬液从孔的上方注入孔中，直至注满为止，10s 左右，松开手指（或取掉堵塞），让磁悬液流掉。

（四）漂洗

根据磁悬液浓度、孔的结构，可酌情使用无水乙醇漂洗孔壁，方法同“浇注磁悬液”的方法，只是用无水乙醇代替磁悬液。

（五）干燥

孔内表面要充分自然干燥，否则会使橡胶铸件上的磁痕模糊，或出现假象。孔底边缘的磁悬液也可用布小心抹干。

（六）堵孔

为了不使橡胶液体泄漏，要用医用胶布或胶纸贴在孔的下部。在不会掩盖受检面的情况下，可用塑料塞堵孔。

（七）安放浇口杯

对于疲劳试验的飞机，螺栓孔上要安放浇口杯。浇口杯是一种特制的金属套，套的孔壁上刻有孔序的航向标记，它还具有使铸型易于拔出的作用，浇口杯内径应大于螺栓孔孔径。

（八）浇注橡胶液

1. 将需要的橡胶液倒入塑料杯内，再加入相应的硫化剂，搅拌均匀。硫化剂的种类选择和用量可参考 HB 5370—1987《磁粉探伤-橡胶铸型法》。但由于催化剂品种不一，质量不同，并受环境温度、湿度等因素影响，使用前要进行试验，以便得到满足需要的固化时间。环境的温度低、湿度大，固化速度慢，反之则快。

2. 将加入硫化剂的橡胶液经过浇口杯以一束细流徐徐注入螺栓孔，直至注满浇口杯为止。待橡胶固化后，撤去胶布或拔出塑料塞，用手指松动两端，然后将橡胶铸型慢慢拔出或用棒轻轻顶出。

（九）观察和记录

1. 可用 10 倍放大镜在良好光线下观察橡胶铸型，如果要求检测裂纹扩展情况，则必须在体视显微镜下观察和测量裂纹长度，放大倍数以 20~40 倍为宜。

2. 将检验结果记入专用记录本中，填写探伤记录。

（十）包装

用玻璃纸裹好橡胶铸型，装入专用试样袋内。

（十一）退磁

将铜棒穿入螺栓孔，使用不低于磁化电流值的交流电通过铜棒并逐渐降低至零。

（十二）结果分析

1. 疲劳裂纹多半发生在主梁根部下翼面的螺栓孔，其位置在飞行方向的前后孔壁上。

裂纹一般呈直线状或稍带弯曲，有尖锐尾部，孔壁裂纹往往多条同时出现，其走向基本与孔的轴线平行。

2. 应注意不同飞行小时检验结果的对照分析，长度有增长的磁痕为裂纹。

3. 螺栓孔内壁常有铰刀刀痕，打磨亦难去掉，有时成排出现，基本上与孔的轴线平行。由于铰刀刀痕的开口度与深度不等，磁痕的明显程度亦不同。

4. 铰刀刀痕会干扰疲劳裂纹的检测，由它引起的早期疲劳裂纹，一般情况下难以采用无损检测的方法进行确定，但可根据历次记录结果，若磁痕长度有增长者为裂纹。

在可能和允许的情况下，工件在疲劳试验前，最好把铰刀刀痕打磨掉。

（十三）特殊螺栓孔的检查

1. 在外场检查时，有的螺栓孔不可能从上方注胶，这时可将胶液从孔的下方采用注射器（不带针头）注入孔中。注胶前应在贴于孔底的胶布上开个小孔，以便注射器可以通过胶布插入孔中，注胶后应迅速用胶布将小孔堵上，并应立即清除掉注射器内多余胶液。

2. 若耳孔为横向孔，要用专用夹具将孔的两端堵住，并留有浇口。

3. 有些螺栓孔无法从孔的底部进行堵孔操作，可在孔底安装托板螺母，磁化之后，用螺刀将螺栓旋入托板螺母中，螺栓上安放铜垫片。浇注磁悬液 10s 后，用滴管将磁悬液轻轻吸出。干燥之后放上浇口杯进行注胶。固化后取出橡胶铸型、铜垫片和螺栓。

四、质量管理

1. 每次操作时，应同时对标准缺陷样件进行一次 MT-RC 试验。该样件应有长度 1mm 以下的小裂纹。当小裂纹清晰出现后，表明设备材料正常。操作正确，检验结果可靠。

2. 新配制的磁悬液，必须满足工艺要求。

3. 必要时，一个螺栓孔可做两个橡胶铸型，以供比较。

4. 飞机疲劳试验前，孔壁的原始状态要用 MT-RC 留底备查。

5. 需要保存的橡胶铸型，应放入专用的储存箱，将橡胶铸型分类保存。保存过程中橡胶上如有黏液渗出，可用脱脂棉蘸乙醇拭去。

6. 交联剂极易吸潮变质，用后要盖紧，并置于干燥处，若发现液体发浑或有晶体析出，即不能再用。

7. 硅橡胶宜储存在阴凉干燥处，忌阳光直晒，存放过期的橡胶液，经 MT-RC 试验不影响检验效果可使用。

五、安全防护

1. 在飞机加油、抽油、充氧和喷漆时，不得进行探伤。

2. 使用前，须检查磁粉检测设备外壳是否漏电。

3. 使用乙醇磁悬液要注意防火。螺栓孔用穿棒法磁化时，孔周围不得有磁悬液，也不宜使用连续法。

4. 正硅酸乙酯为易燃品，二月桂酸二丁基锡有毒，对环境有危害，在使用、储存和运输中均应注意。

【项目训练】

一、简答题

1. 简述磁粉检测-橡胶铸型法的特点。
2. 简述磁粉检测-橡胶铸型法的适用范围。

项目四：
解读磁粉检测工艺与操作工卡

【项目目标】

➢ 知识目标

1. 知道磁粉检测工艺的基本框架及内容要点；
2. 知道磁粉检测操作工卡的基本框架及内容要点。

➢ 能力目标

会识读磁粉检测工艺与操作工卡。

【项目描述】

无损检测工艺是叙述某一无损检测方法（或该方法的一种技术）对一个具体零件或一组类似零件实施检测所应遵循的详细要求的作业文件。无损检测工艺由相关方法的Ⅱ级以上资格人员根据无损检测规程或相关标准编制，其主要用途是为该具体零件检测的实施提供准确的工艺指导，以保证检测实施的正确性，以及检测结果的一致性和可重复性。对于无损检测来说，针对零件的不同规格和外形，须考虑选择不同的检测工艺，因此，对于不同规格的同类工件，仍需编制各自的工艺。本项目主要介绍磁粉检测工艺及操作工卡的相关知识。

【项目实施】

任务1
解读磁粉检测工艺

磁粉检测工艺是无损检测手册的重要组成部分，它为检测人员实施特定飞机（发动机）零部件磁粉检测工艺提供技术指引。

一、检测工艺编写原则

检测工艺应提供飞机（发动机）结构、零部件的无损检测程序，所有的工艺操作程序和说明应保证完整、准确，以使任何一个无损检测人员依据检测工艺均可获得可靠的检测结果。

二、检测工艺的内容

检测工艺涉及被检测零部件的检测要素的描述和各个检查步骤，其内容包括：

1. 工艺标题；

2. 概述；

3. 被检测零部件描述；

4. 相关资料；

5. 检测设备和材料；

6. 检测前准备；

7. 检测程序；

8. 检测结果；

9. 检测后工作；

10. 验证检测程序。

三、磁粉检测工艺编制内容要求

1. 工艺标题

检测工艺标题由被检测结构组件或零部件的术语和实施的检测方法等组成，如有必要，可以包括部件的代码以进一步区分，如“主机轮高强度螺栓磁粉检测工艺”。

2. 概述

对检测工艺应用的检测方法、适用的飞机机种（型）、实施检测操作的作用和目的，对检测人员的要求等进行简单的描述。

3. 被检测零部件描述

描述和辨别被检测零部件及被检测区域。下面的信息应被提供在叙述和说明中。

（1）被检测零部件的位置

被检测零部件在飞机系统中的位置描述，检测区域的划分和辨别，应提供能表明被检测区域位置的详细图示说明。图示说明一般应包括飞机系统、被检测零部件、检测区域等层次的图示，在检测区域旁应有工艺要求的检测方法的标识。必要时，可以提供被检测零部件的图号。

（2）被检测零部件的状态

描述被检测区域的材料、合金组成、热处理方法等，如有必要，应提供其制造方法，如铸造、锻压、挤压等，表面处理方法、封装和装配等情况。

（3）被检测区域可能存在的缺陷

对被检测区域可能存在的缺陷及产生的原因进行简单描述，缺陷包括裂纹、腐蚀、分层等。

4. 相关资料

实施检测工艺可能需要的参考资料，一般应包括飞机维护规程、技术通报、标准和检测设备的技术说明书等。

5. 检测设备和材料

（1）检测工艺应依据用户标准装备的检测设备编制，如需要应用未列入标准装备的检测设备，应得到用户有关部门的认可。

（2）检测工艺涉及的检测材料，如磁悬液或其他辅助材料，应满足检测质量控制标准，如有必要应提供生产厂名称或产品牌号。

（3）检测应用的其他辅助设备，如铜棒、固定物和夹具等，应提供设计尺寸、材料、表面粗糙度和公差等制造信息。

6. 检测前准备

（1）飞机或发动机的准备

实施检测操作需进行的如顶起飞机、分解拆卸等必要的准备工作。当检测工艺不需要进行此类准备时，应声明“没有特别的准备”。此类准备工作不应由无损检测人员完成，所以在表述中应加以说明。

（2）检测部件的准备

检测部件的准备包括去除脏物和油污、去漆、绘图和安放工夹具等检测前期准备工作。

7. 检测程序

检测程序应以一步步的形式详细描述应用检测方法检测特定区域的每一个操作步骤。磁粉检测程序应包括以下内容：

（1）应用磁化的方法和磁化磁场的类型，如纵向磁化或周向磁化，磁轭、交流磁化或直流磁化等；

（2）磁悬液浓度、质量要求和施加磁悬液的方法，如剩磁法或连续法等；

（3）磁化磁场的方向及其对应检测缺陷的方向，必要时应图示说明；

（4）磁化装置的放置，如触头的位置和方向、电缆缠绕的匝数或尺寸、磁轭夹头的放置和间距等，必要时应图示说明；

（5）磁化电流的要求；

（6）磁化电流施加的时间、开关次数；

（7）磁悬液的施加；

（8）磁痕观察，如有必要进行放大镜观察；

（9）磁痕的判别，非相关显示的形貌、可能出现的位置和产生的原因，该项内容采用黑体字符加注；

（10）退磁，包括检查剩磁的大小和允许剩磁的水平。

8. 检测结果

无损检测人员不提供被检测零部件的合格、报废的结论，应描述对检测结果的记录，对检测中发现异常的检测区域进行标记，填写履历本，并上报有关部门。

9. 检测后工作

检测后工作包括检测工作完成后的处理工作的描述。

（1）无损检测人员应进行检测区域的清洁处理，应用黑体字标注不许将异物遗忘在飞机、发动机的结构中。

（2）检测完毕后应确保被检飞机、发动机结构良好，相应的局部补漆、安装等工作应由相应机务人员完成。

10. 验证检测程序

描述对该检测工艺进行验证的其他检测方法工艺的名称、编号和对检测结果进行验证的要求，不需要详细描述验证检测工艺的过程。

任务 2
解读磁粉检测操作工卡

一、概述

操作工卡的编制同样以检测对象的质量要求为依据，根据工艺规程的内容以及被检工件的检测要求编制操作工卡。无损检测操作工卡至少应包括以下内容。

1. 操作工卡编号。

2. 依据的工艺规程及其版本号。

3. 检测技术要求：执行标准、检测时机、检测比例、合格级别和检测前的表面准备。

4. 检测对象：检测机型、检测对象的名称、编号、规格尺寸、材质和热处理状态、检测部位（包括检测范围）。

5. 检测设备和器材：名称和规格型号，工作性能检查的项目、时机和性能指标。

6. 检测工艺参数。

7. 检测程序。

8. 检测示意图。

9. 数据记录的规定。

10. 编制者（级别）和审核者（级别）。

11. 编制日期。

操作工卡在首次使用前应进行验证，验证方式可在相关对比试块上进行，验证内容包括检测范围内灵敏度、检测参数等是否满足检测要求。

二、操作工卡示例

某型飞机前起落架摇臂纵向磁化磁粉检测操作工卡如图 3-16 所示。

<table>
<tr><td colspan="2">操作工卡号</td><td colspan="2" rowspan="2">科目：前起落架摇臂纵向磁化磁粉检测</td><td>专业名称</td></tr>
<tr><td colspan="2">×××</td><td>无损检测</td></tr>
<tr><td rowspan="2">要求</td><td>检测人员</td><td>无损检测师（员）</td><td>工时/min</td><td>15</td></tr>
<tr><td>检测目的</td><td>疲劳裂纹</td><td>检测灵敏度</td><td>深 0.5mm、长 3mm 以上的裂纹</td></tr>
<tr><td>参数</td><td>磁化方法</td><td>磁轭纵向磁化法</td><td>检测方法</td><td>连续法</td></tr>
</table>

<table>
<tr><td colspan="2">操作工卡号</td><td colspan="2" rowspan="2">科目：前起落架摇臂纵向磁化磁粉检测</td><td>专业名称</td></tr>
<tr><td colspan="2">×××</td><td>无损检测</td></tr>
<tr><td rowspan="3">检测对象</td><td>零部件名称</td><td>前起落架摇臂</td><td>材　　料</td><td>30CrMnSiA</td></tr>
<tr><td>件　　号</td><td>××××</td><td>被检部位</td><td>双耳片根部 R 区、单耳片根部 R 区</td></tr>
<tr><td colspan="4">双耳片根部R区
单耳片根部R区
前起落架摇臂</td></tr>
<tr><td>检测设备</td><td colspan="4">（1）仪器
CEE-Q1 型手持式智能磁轭探伤仪或同类型设备。
（2）磁悬液
黑油磁悬液；或采用黑磁粉，配制浓度为 10~25g/L 的油（煤油）基磁悬液。
（3）其他
油壶一个、放大镜一个、直尺一把、毛刷一把、红铅笔一支、抹布若干、煤油若干</td></tr>
<tr><td>工作准备</td><td colspan="4">（1）仪器设备
检测前应检查仪器是否良好、磁轭探头是否灵活；通电检查设备状态是否良好。
（2）清理被检测部位
将前起落架摇臂表面用清洗剂或煤油清洗干净。
（3）电源
按仪器技术说明书要求插上 220V 交流电源或使用仪器配备的蓄电池</td></tr>
</table>

<table>
<tr><td colspan="2">操作工卡号</td><td rowspan="2">科目：前起落架摇臂纵向磁化磁粉检测</td><td>专业名称</td></tr>
<tr><td colspan="2">×××</td><td>无损检测</td></tr>
<tr><td rowspan="5">工作过程</td><td>仪器调整</td><td colspan="2">（1）将磁轭间距调整合适。
（2）接通电源，打开仪器电源开关</td></tr>
<tr><td>检测</td><td colspan="2">（1）磁化与施加磁悬液
用磁悬液将被检表面润湿，将磁轭两探头分别置于前起落架摇臂双耳片根部 R 区两侧、单耳片根部 R 区两侧。打开磁轭探头上的磁化开关进行通电磁化，然后在通电的过程中施加磁悬液，至少通电两次，每次时间应不少于 0.5s，停止浇注磁悬液后再通电 2~3 次，每次 0.5~1s。
（2）观察
仔细观察前起落架摇臂双耳片根部 R 区、单耳片根部 R 区，看有无呈线状磁粉堆积</td></tr>
<tr><td>退磁</td><td colspan="2">对合格前起落架摇臂进行退磁。按磁化时工件的放置方式，将磁轭夹紧工件，点击“退磁”。退磁完毕后，用磁强计测量前起落架摇臂剩磁，剩磁应不大于 3Gs</td></tr>
<tr><td>缺陷判别</td><td colspan="2">如发现有线状磁粉堆积，磁粉堆积紧密，形成凸起峰状，并带有尖锐的尾巴时，可将磁粉擦掉，再重新磁化喷洒磁悬液，如复现性很好，可判为裂纹。对观察结果加以记录</td></tr>
<tr><td>检测结果</td><td colspan="2">描述对检测结果的记录，对检测中发现异常的检测区域进行标记，填写履历本，并上报本部门领导</td></tr>
<tr><td>注意事项</td><td colspan="3">（1）使用外接电源时，应注意安全。
（2）磁化时，磁轭探头两磁极应与工件接触良好。
（3）采用了磁轭探伤的零件，检查完毕后应当作退磁处理。
（4）检测完毕后清洁被检测区域，其他恢复工作由相应机务人员完成</td></tr>
</table>

图 3-16　某型飞机前起落架摇臂纵向磁化磁粉检测操作工卡

工艺篇知识图谱

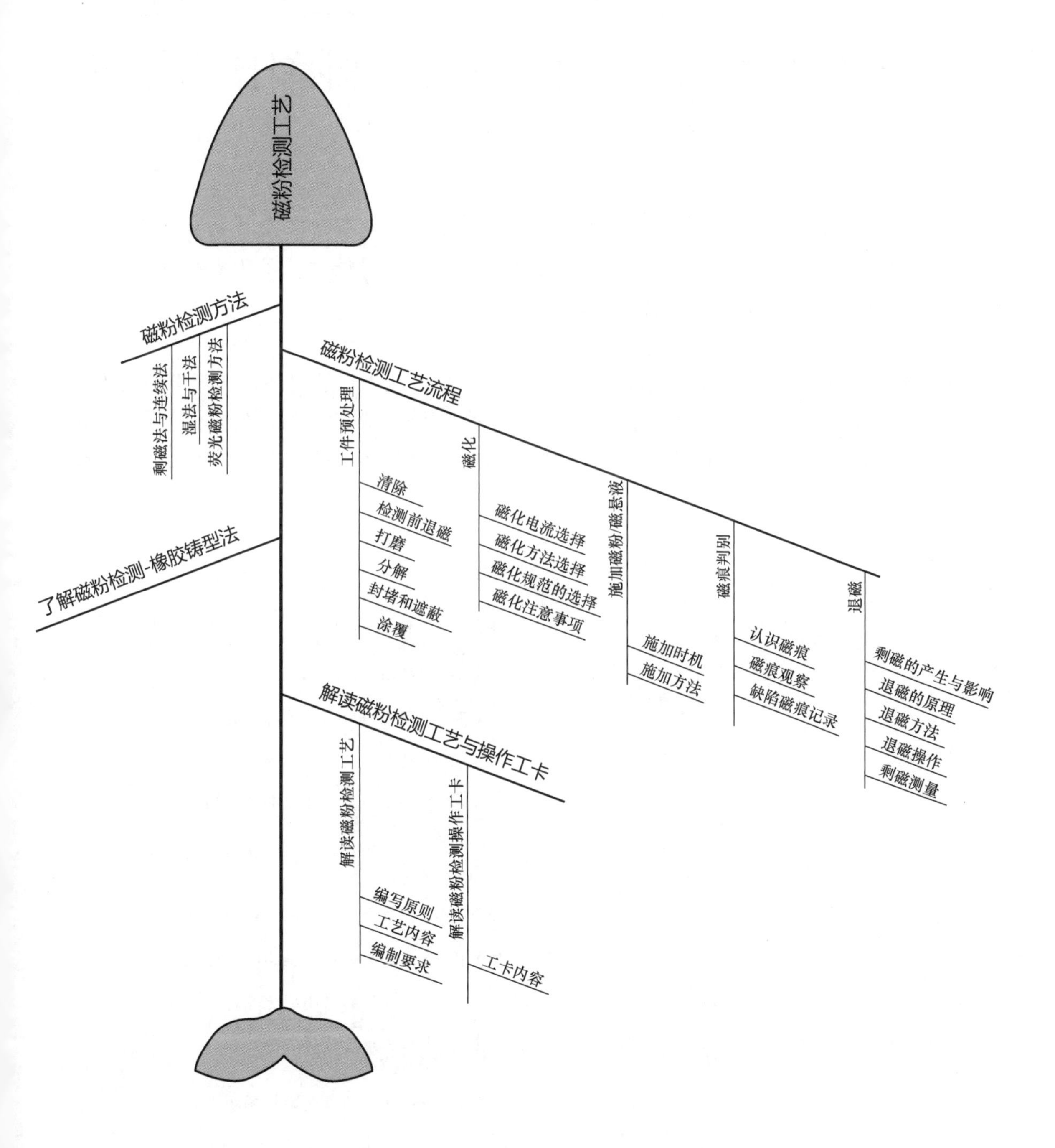
磁粉检测工艺
磁粉检测方法
剩磁法与连续法
湿法与干法
荧光磁粉检测方法
磁粉检测工艺流程
工件预处理
清除
检测前退磁
打磨
分解
封堵和遮蔽
涂覆
磁化
磁化电流选择
磁化方法选择
磁化规范的选择
磁化注意事项
施加磁粉/磁悬液
施加时机
施加方法
磁痕判别
认识磁痕
磁痕观察
缺陷磁痕记录
退磁
剩磁的产生与影响
退磁的原理
退磁方法
退磁操作
剩磁测量
了解磁粉检测-橡胶铸型法
解读磁粉检测工艺与操作工卡
解读磁粉检测工艺
编写原则
工艺内容
编制要求
解读磁粉检测操作工卡
工卡内容

岗位篇

磁粉检测技术在航空装备保障中的应用

协作共进是团队精神的要义。所谓“协作”就是团队成员的分工合作。所谓“共进”就是团队成员的共同努力、共同进步。团队需要的是“协作共进”，而不是各自为战。

在岗位篇中，我们将结合实际工作，学习磁粉检测技术在航空装备保障中的具体应用，完成以下项目及任务。通过学习，大家将熟悉并掌握磁粉检测的相关标准、质量控制与安全防护要求、一般工作程序等，具备解决不同类型航空构件磁粉检测的能力，能够按照检测工艺（卡）开展无损检测工作。

【任务导图】

岗位篇

- 项目一 认识航空构件磁粉检测
  - 任务1：了解在役航空构件磁粉检测的特点
  - 任务2：学习磁粉检测相关标准
  - 任务3：掌握磁粉检测质量控制的方法
  - 任务4：做好磁粉检测的安全防护
- 项目二 航空构件的周向磁化磁粉检测
  - 任务1：航空发动机燃油泵分油盘的周向磁化磁粉检测
  - 任务2：航空发动机压气机转子衬套的周向磁化磁粉检测
  - 任务3：接耳衬套的周向磁化磁粉检测
- 项目三 航空构件的纵向磁化磁粉检测
  - 任务1：飞机液压泵传动轴的纵向磁化磁粉检测
  - 任务2：飞机摇臂的纵向磁化磁粉检测
  - 任务3：飞机主机轮高强度螺栓的纵向磁化磁粉检测
  - 任务4：甲板焊缝的纵向磁化磁粉检测
- 项目四 复杂航空构件的多向磁化磁粉检测
  - 任务1：气瓶的磁粉检测
  - 任务2：飞机调节接头的磁粉检测

项目一：
认识航空构件磁粉检测

【项目目标】

➢ 知识目标

1. 了解在役航空构件的磁粉检测的特点；
2. 掌握相关磁粉检测标准；
3. 知道磁粉检测的质量控制要求；
4. 知道磁粉检测的安全防护要求。

➢ 能力目标

能够阐述在役航空构件磁粉检测的相关知识。

【项目描述】

随着科学技术的不断进步，航空航天事业的发展进入新的阶段，航空材料正向着质地轻、强度高、价格低等方向发展。但尽管如此，铁磁性材料由于具有高强度、高断裂韧度、耐腐蚀及耐应力腐蚀的特点，在飞机结构中仍然占据较大的比重。

磁粉检测作为检测铁磁性航空构件的有效手段，具有灵敏度高、显示直观、检测速度快等优点。因此，在飞机零部件制造与装配过程中，无论是离位检测还是原位检测，磁粉检测总是首选的无损检测方法。由于磁粉检测方法的多样性，磁粉检测可检测各类结构和形状较为复杂的零件。为了更好地运用磁粉检测技术发现航空构件的缺陷，我们首先来认识一下在役航空构件磁粉检测的特点、相关标准、质量控制要求、安全防护要求等。

【项目实施】

任务 1
了解在役航空构件磁粉检测的特点

与生产制作过程中的磁粉检测不同，在役航空构件的磁粉检测主要是针对构件的关键承力部位、容易产生应力集中的部位进行重点的探伤。检测过程中采用的设备、方法和环境条件也与生产过程不同，下面我们一起了解一下在役航空构件的磁粉检测。

一、在役航空构件磁粉检测的特点

1. 在役航空构件磁粉检测的目的是检查疲劳裂纹和应力腐蚀裂纹。检测前应充分了解工件在使用过程中承受的载荷状态、应力集中部位、易开裂部位，以及裂纹的扩展方向。

2. 在役航空构件的检查一般是在现场进行原位的局部检测，通常采用移动式磁粉检测设备或便携式磁粉检测设备；在定检和大修时则是将被检测工件从飞机上拆解下来进行检查，一般是采用固定式磁粉检测设备。

3. 对于带有覆盖层（如漆层或镀层等）的工件或检测部位，在检测之前要依据相关标准，清理去除工件表面的覆盖层。

4. 对于某些可达性不良的部位，可以借助工业内窥镜进行检查。对于承力较大的孔内壁缺陷，建议采用磁粉检测-橡胶铸型法进行检查。

二、在役航空构件磁粉检测的方法

在役航空构件无损检测方法通常是依据相关的技术文件要求进行选择，主要是飞机设计部门提供的飞机维护规程。维护规程会规定相应的检测工件、重点检测部位、检测方法、检测时机等。依据维护规程，相关部门还会编制相应机型的无损检测工艺手册，在该手册中将明确规定不同被检构件的无损检测方法、检测设备、检测流程、检测工艺参数等，大多数是局部检查，不同的检测部位会采用不同的检测方法。

磁粉检测主要检测疲劳裂纹，而疲劳裂纹一般从表面萌生，位于表面或近表面位置，适合采用交流磁化电源进行磁化，检测方法通常采用湿法剩磁法或湿法连续法，磁粉介质选用荧光磁粉时可以提高检测的灵敏度。

在预测疲劳裂纹扩展方向的基础上选择磁化方向和方法，选择的原则是使工件中磁化场的方向尽可能与裂纹的扩展方向相互垂直。在役航空构件常用的磁化方法有穿棒法、支杆法、磁轭法和线圈法等。

任务 2

学习磁粉检测相关标准

磁粉检测技术具有操作方便、缺陷显示直观、检测灵敏度高等优点，被广泛应用于各个工业部门。与其他技术方法一样，磁粉检测技术在各工业领域的应用也是通过检测方法标准的制定与执行得到贯彻实施的。下面我们一起来学习一下航空构件的磁粉检测相关标准。

一、国内磁粉检测标准

国内磁粉检测标准主要分为国家标准和相关行业标准，如：

GB/T 15822—2005《无损检测 磁粉检测（第 1 部分：总则；第 2 部分：检测介质；第 3 部分：设备）》

GB/T 26951—2011《焊缝无损检测　磁粉检测》

GB/T 26952—2011《焊缝无损检测　焊缝磁粉检测　验收等级》

GB/T 34370. 3—2017《游乐设施无损检测　第 3 部分：磁粉检测》

NB/T 47013. 4—2015《承压设备无损检测　第 4 部分：磁粉检测》

GJB 2028A—2019《磁粉检测》

GJB 4602A—2022《航空维修无损检测质量控制　磁粉探伤》

HB 20158—2014《磁粉检测》

上述标准来源较多，其中 GB/T 15822—2005 的三个部分等同采用了 ISO 9934—2001《无损检测　磁粉检测》对应的三个部分，GB/T 26951—2011 等同采用了 ISO 17638—2003《焊缝无损检测　磁粉检测》，GB/T 26952—2011 等同采用了 ISO 23278—2006《焊缝无损检测 焊缝磁粉检测 验收等级》，其余标准则在参考了美标、欧标的基础上并结合国内情况进行了改进。

在适用范围方面，都适用于对铁磁性材料进行磁粉检测，但由于行业的差异，也有较大差别，具体如表 4-1 所示。

表 4-1　标准适用范围

标准号	检测对象	适用范围	检测位置
NB/T 47013.4—2015	承压设备及其原材料、机加工部位、有关的支撑件和结构件	板材、管材、管件和锻件、对接接头、T 形焊接接头和角接接头	表面及近表面
GJB 4602A—2022	军用航空器（包括直升机和无人机）和航空发动机	军用航空器和航空发动机铁磁性零件	表面及近表面
GJB 2028A—2019	铁磁性材料和制件	铁磁性材料和制件	表面及近表面
HB 20158—2014	航空用铁磁性材料和制件	铁磁性材料和制件，包括原材料、毛坯、半成品、成品、返修件和大修检查件等	表面及近表面

在磁粉检测设备方面，应符合相关标准规定，各个标准对磁粉检测设备的要求也不尽相同，具体如表 4-2 所示。

表 4-2　标准的磁粉检测设备要求

标准号	符合标准	提升力要求	退磁装置或要求
NB/T 47013.4—2015	JB/T 8290—2011	两磁轭最大间距时，交流磁轭应有不少于 45N 的提升力；直流电磁轭（包括整流点或永久性磁轭）至少应有 177N 的提升力；交叉磁轭至少应有 118N 的提升力	剩磁应不大于 0.3mT
GJB 2028A—2019	JB/T 8290—2011	磁轭两极间距离为 75～150mm，交流磁轭至少应有 44N 的提升力，直流磁轭至少应有 177N 的提升力	专用退磁机或设备上退磁设备
HB 20158—2014	JB/T 8290—2011	磁轭两极间距离为 50～100mm 的交流磁轭至少应有 45N 的提升力；磁轭两极间距离为 50～100mm 的直流磁轭至少应有 135N 的提升力；两极间的距离为 100～150mm 的直流磁轭至少应有 225N 的提升力	剩磁应不大于 0.3mT

二、国外磁粉检测标准

国外无损检测标准主要有美国 ASME、欧洲 EN 和 ISO 及日本 JIS 等标准体系。它们以行业划分，主要涉及锅炉、压力容器和压力管道等行业的各种无损检测方法。美国 ASME 标准针对锅炉、压力容器，就原材料、焊缝、结构件和支承件内部及表面缺陷的检测，对磁粉检测提出了相关技术要求和验收条件，美标以连续法为主，剩磁法开展较少，而国内是连续法和剩磁法并用，从灵敏角度来看，连续法灵敏度较高，但是部分工件使用连续法容易造成磁粉过度显示，不利于评价。

欧洲标准对各种无损评价方法要求描述具体，工艺细节周密详尽，面面俱到，但部分计算公式与我国现行使用较多的标准具有显著差异。

三、常用磁粉检测标准

在航空装备及特种装置的磁粉检测工作中，参考的磁粉检测标准主要有：GJB 2028A—2019《磁粉检测》和 NB/T 47013.4—2015《承压设备无损检测　第 4 部分：磁粉检测》，下面对这两个标准进行介绍。

（一）GJB 2028A—2019《磁粉检测》

GJB 2028A—2019《磁粉检测》是现行的磁粉检测国家军用标准，它代替了 GJB 2028—1994《磁粉检测》和 GJB 593.3—1988《无损检测质量控制规范　磁粉检验》。主要适用于铁磁性材料和制件（包括原材料、毛坯、半成品、成品、焊接件和在役件等）表面及近表面不连续的磁粉检测。其具体内容包括以下几个部分。

1. 检测人员

GJB 2028A—2019《磁粉检测》规定从事磁粉检测的人员，应根据行业或客户要求取得相应技术资格证书。各级人员只能从事与其技术资格等级相适应的工作。

2. 检测环境

GJB 2028A—2019《磁粉检测》规定检测间一般不少于 $40m^2$，地面应防滑，室内应有良好的通风，室内温度不低于 15℃。检测间应安装日光灯或黑光灯，确保检测区域有足够的光照度。采用非荧光磁粉检测时，检测区域的白光照度应不小于 1000lx；采用荧光磁粉检测时，检测区域或被检工件表面的黑光辐射照度应不小于 $1200\mu W/cm^2$，暗室或暗区的环境光照度应不大于 20lx。

3. 磁粉检测设备

GJB 2028A—2019《磁粉检测》规定磁粉检测设备应满足被检制件磁粉检测的工艺要求，并满足安全操作的要求。

磁粉探伤机的夹头间距应可方便调节，以适应不同长度制件的夹持和检查。为保证制件与夹头间有良好的接触，夹头宜配备紫铜编织衬垫且其夹持力应足够大。

固定式磁粉探伤机应配备磁悬液槽或磁悬液箱，并有搅拌装置，磁悬液槽或磁悬液箱应安装过滤网，使用浇注法时应有可调节压力的喷嘴或软管。

磁轭设备由一个多匝线圈包住软铁芯片组成，采用可控硅调节磁化电流。磁极应有活动关节，能调整间距，并保证良好接触。极间式磁轭，推荐采用整流电流磁化方式。永久磁铁可用于没有电源的检测场地。

磁粉探伤机常用电流为交流电（AC）、单相半波整流电（HW）、直流电（DC）和三相全波整流电（FWDC），必要时也可采用单相全波整流电、三相半波整流电和冲击电流。三相全波整流电设备应具备快速断电功能。采用剩磁法时，交流探伤机应配备断电相位控制器。磁化设备宜有定时装置以控制制件磁化时的通电时间，通电的持续时间一般为0.5~1s。

退磁设备应能对被检制件进行良好的退磁，退磁可采用专用退磁机，也可采用交流线圈或设备上的其他退磁装置。直流退磁设备应具有既能使电流反向又能使电流降低到零的功能，且应有30个反向点或反向30次以上。退磁设备宜东西向放置。退磁线圈的中心磁场强度宜不小于纵向磁化的最大磁场强度，以保证有良好的退磁效果。

4. 磁粉和磁悬液

GJB 2028A—2019《磁粉检测》中规定将磁粉配制成均匀的磁悬液，静置不少于30min后目视检查。磁悬液中不应有明显的外来物、结块或浮渣。

对于荧光磁粉，在环境光照度不超过20lx的暗区，且至少1200μW/cm^{2}的黑光下观察装入梨形管内分散均匀的磁悬液样品，应呈黄绿色；对于非荧光磁粉，在至少1000lx的白光下观察装入梨形管内分散均匀的磁悬液样品，应呈黑色、红色或其他指定的颜色。

荧光磁粉应具有良好的耐用性和长期耐久性，配制400mL合格并搅拌均匀的荧光磁悬液注入1L容量的恒速搅拌器内，搅拌速度应为10000~12000r/min，搅拌2min停5min，重复此操作五次，荧光磁粉应保持原始的灵敏度；配制1.5L合格并搅拌均匀的荧光磁悬液，将此磁悬液在室温下静放至少14天，荧光磁粉应保持原有的性能。

磁悬液浓度应符合表4-3中的规定。

表4-3 GJB 2028A—2019《磁粉检测》磁悬液的浓度

磁悬液（油基或水基）	配置浓度/（g/L）	沉淀浓度（每100mL中含固体毫升数）	
		要求：（mL/100mL）	最佳：（mL/100mL）
荧光	0.5~2.0	0.1~0.4	0.15~0.25
非荧光	10~25	1.0~2.4	—

5. 检测电流、方法、规范

（1）磁化电流的选择

交流电湿法检测时，检测制件表面微小缺陷灵敏度高，适用于机加件和使用后制件的表面检测；单相半波整流电适用于检测制件表面和近表面缺陷；单相半波整流电能产生单向脉动磁场，对近表面夹杂、气孔、裂纹等缺陷检出灵敏度高；三相全波整流电具有最深的可渗透性，采用湿法时，可用于检测表面下缺陷，适用于检测焊接件、铸钢件和表面覆盖层较厚的制件。

（2）磁化方法的选择

根据制件的几何形状，可采用不同方法直接或间接地对制件进行周向、纵向或多向磁化。当缺陷的方向与磁力线垂直时，检测灵敏度最高，两者夹角小于45°时，不连续很难检测出来。

选择磁化方法时应遵循下列原则：①磁场方向的选择应尽可能与预计检测的缺陷方向垂直，与检测面平行；②当不能可靠地确定不连续性缺陷的方向时应至少对制件在两个垂直方向上进行磁化；③磁场方向的选择应尽可能减小退磁场的影响；④磁化方法的选择应尽可能采用间接磁化方法；⑤必要时可采用试片确定磁场方向。

①通电法

将制件夹于探伤机的两接触板之间，电流从制件上通过，形成周向磁场，用于检测与电流方向平行的不连续性缺陷。该法适用于小型和大型的空心或实心制件，如铸件、锻件、机加工件、焊接件、轴类、钢坯和管子。

②中心导体法

将导体穿入空心制件的孔中，并置于孔的中心轴线上，电流从导体上通过，形成周向磁场。该法用于检测空心制件内、外表面与电流方向平行的不连续性缺陷及端面径向不连续性缺陷。该法适用于各种有孔的制件，如轴承圈、空心圆柱、齿轮、螺母、管子和阀体。

③偏心导体法

将导体穿入空心制件的孔中，并贴近内壁放置，电流从导体上流过，形成周向磁场。该法用于局部检测空心制件内、外表面与电流方向平行的不连续性缺陷及端面径向不连续性缺陷，适用于用中心导体法检测设备功率达不到的大型环和管子。

④触头法

用支杆触头接触制件表面，通电磁化，形成周向磁场。该法用于检测与两头连线平行方向的不连续性缺陷，适用于焊接件及大型铸件、锻件和板材的局部检查。

⑤环形件绕电缆法

用软电缆穿绕环形件，通电磁化，形成周向磁场。该法用于检测与电流方向平行的缺陷，适用于大型环形制件。

⑥感应电流法

由于磁通变化，在制件上产生感应电流，对制件进行磁化。该法用于检测与感应电流方向平行的不连续性缺陷，适用于直径与壁厚之比不小于5的薄壁环形件、齿轮和不允许产生电弧及过烧的制件。

⑦线圈法

将制件放在通电线圈中，或用软电缆绕在制件上磁化，形成纵向磁场。该法用于检测与线圈轴线方向垂直的不连续性缺陷，适用于纵长制件，如曲轴、轴、管子、棒材、铸件、锻件和焊接件。

⑧磁轭法

用固定式电磁轭两磁极夹住制件进行整体磁化，或用便携式电磁轭两磁极接触制件表面进行局部磁化。该法用于检测与两极连线方向垂直的不连续性缺陷。整体磁化适用于制件横截面小于磁极横截面的纵长制件。局部磁化适用于对大型制件的检测。

⑨多向磁化法

同时在制件上施加两个不同方向的磁场，其合成磁场的方向在制件上不断变化着，一次磁化可检测制件上不同方向的不连续性缺陷。该法适用于管材、棒材、板材、焊接件及大型铸件和锻件。

（3）磁化规范

①周向磁化规范

GJB 2028A—2019《磁粉检测》中提出：当采用周向磁化连续法检测时，磁粉检测所需施加的磁场强度沿制件表面的切向分量应不小于 2.4kA/m；当采用周向磁化剩磁法检测时，磁粉检测所需施加的磁场强度沿制件表面的切向分量应不小于 8kA/m。应确保磁化时制件受检部位的磁场强度达到要求的最小值。

关于周向磁化规范如表 4-4 所示。在偏心导体法周向磁化时，当中心导体贴紧制件内壁时，也采用表 4-4 给出的磁化规范，但表 4-4 中的制件直径应为中心导体直径加两倍制件壁厚。沿周长方向的有效磁化长度是中心导体直径的 4 倍，绕中心导体转动制件检测其全部周长，每次应有大约 10%的磁场重叠区。

表 4-4 通电法周向磁化规范

检验方法	电流值计算		用途
	FWDC	AC	
连续法	I 取 12D～20D	I 取 8D～15D	用于标准规范，检测 μ_{rm}≥200 的制件的开口性缺陷
	I 取 20D～32D	I 取 15D～22D	用于严格规范，检测 μ_{rm}≥200 的制件的夹杂物等非开口性缺陷； 用于标准规范，检测 μ_{rm}<200（如沉淀硬化钢类）制件的开口性缺陷
	I 取 32D～40D	I 取 22D～28D	用于严格规范，检测 μ_{rm}<200（如沉淀硬化钢类）制件的夹杂物等非开口性缺陷
剩磁法	I 取 30D～45D	I 取 20D～32D	检测热处理后矫顽力 H_c≥1kA/m、剩磁 B_r≥0.8T 的制件

注：1. 计算式的范围选择应根据制件材料的磁特性和检测灵敏度要求具体确定。

2. μ_{rm} 为最大相对磁导率；I 为交流电有效值或全波整流电流平均值，单位为安培（A）；D 为制件直径，单位为毫米（mm），对于非圆柱形制件则采用当量直径，当量直径 D = 周长/π。

触头法周向磁化规范与使用的电流大小成正比，并随触头间距和制件横截面厚度的改变而变化，连续法检验磁化规范的磁化电流按表 4-5 计算，触头间距一般应为 75～250mm，两次磁化应有大约 10%的有效磁化重叠区。触头法易引起制件烧伤，应经主管部门批准后方可采用。环形件绕电缆法磁化时，按表 4-6 中公式计算磁化电流，但应用安匝数 IN 代替电流 I（N 为穿过制件空腔的软电缆匝数）。

表 4-5　触头法连续法周向磁化规范

板厚 δ/mm	磁化电流计算		
	AC	HW	FWDC
<19	I 取 3.5L～4.5L	I 取 1.8L～2.3L	I 取 3.5L～4.5L
≥19	I 取 3.5L～4.5L	I 取 2L～2.3L	I 取 4L～4.5L
注：I 为磁化电流值，单位为安培（A）；L 为两触头间距，单位为毫米（mm）。			

②纵向磁化规范

通常将电流通过环绕制件或制件受检区域的线圈来实现纵向磁化。线圈产生的磁场与制件的轴线平行。制件置于线圈中心磁化时，制件的有效磁化范围一般在线圈中心两端约等于线圈的半径的范围；制件置于内壁磁化时，制件的有效磁化范围约为线圈宽度两侧各延伸 150mm 的范围，实际的有效磁化长度应根据具体的受检制件利用标准试片加以确认。对于长度大于有效磁化长度的制件，应分段磁化，使之有 10%的有效磁场重叠；磁化短制件时，应将制件彼此衔接起来磁化，或在制件端头连接与被检制件材料相近的磁极块。线圈法纵向连续法磁化时，按表 4-6 中公式计算磁化电流。

表 4-6　线圈法纵向连续法磁化规范

线圈填充系数	线圈安匝数计算公式
$\gamma \geq 10$	当制件靠近线圈内壁放置时：$IN=(IN)_l=\frac{45000}{L/D}(\pm 10\%)$ 当制件置于线圈中心时：$IN=(IN)_l=\frac{1690R}{6(L/D)-5}(\pm 10\%)$
$\gamma \leq 2$	$IN=(IN)_h=\frac{35000}{(L/D)+2}(\pm 10\%)$
$2<\gamma<10$	$IN=(IN)_h\times\frac{(10-\gamma)}{8}+(IN)_l\times\frac{(\gamma-2)}{8}$
注：γ 为填充系数；I 为磁化电流值，单位为安培（A）；N 为线圈匝数；L 为制件长度，单位为毫米（mm）；D 为制件直径或有效直径，单位为毫米（mm）。	

当采用剩磁法纵向磁化检验时，考虑 L/D 的影响，空载线圈中心磁场强度应满足表4-7的要求。

表 4-7　剩磁法纵向磁化检验时空载线圈中心磁场强度

L/D 值	磁场强度/(kA/m)
<2	通过工艺试验确定
2~5	≥28
5~10	≥20
>10	≥12

对形状复杂的工件磁化时，工件表面的磁场强度分布很不均匀，不能由计算法得到磁化电流值，如工件某些部位磁场强度较低，可用特斯拉计测量工件磁化时的磁场强度大小，也可用试片确认。镀铬以及镀铬磨削工件的检测应采用湿连续法，边通电边检查。磁化电流可采用严格磁化规范，通电时间应尽可能短，宜控制在 0.5~1s，以避免产生过热或烧伤。电流类型宜采用三相全波整流电或直流电。

6. 质量控制

为了保证磁粉检测的质量，GJB 2028A—2019《磁粉检测》规定了磁粉检测的质量控制要求。

（1）系统性能试验

系统性能试验应至少每班进行一次。在设备初次使用前、故障维修后或检测过程中出现异常时，也应进行系统性能试验，系统性能试验确认不合格时，从上一次性能试验合格以来的所有被检件必须重新检验，试验时可使用本标准所列的一种或多种方法。在进行试验前，检查用于系统性能试验的试件和试块上的残余磁痕显示；若有残余磁痕显示，则应进行退磁并清洗试件。在每次试验后应对试件和试块进行彻底退磁和清洗。

可使用带有自然或人工不连续性缺陷的试件、B 型试块、E 型试块或 AS 5282 试块进行系统性能试验。B 型试块、AS 5282 试块适用于三相全波整流和直流探伤机，E 型试块适用于交流和半波整流探伤机。

（2）磁悬液试验

磁悬液试验主要包括磁悬液浓度试验、污染试验和水断试验。

磁悬液浓度和污染试验主要用来检验新配制的磁悬液的浓度和污染状况，并应在每班工作前进行测定，当更换或调整槽液后也应重新测定。水断试验主要检验水基磁悬液的润湿效果，应在每班工作前进行水断试验，当更换或调整槽液后也应进行水断试验。

（3）设备校验

磁粉检测设备应按表 4-8 中规定的周期进行校验以确保其性能和精度满足要求。在设备初次使用前、故障维修后或检测过程中出现异常时，应重新校验。

表 4-8 GJB 2028A—2019《磁粉检测》校验项目和周期

校验项目	最长校验间隔	校验项目	最长校验间隔
系统性能试验	每班	静负荷检查	六个月
磁悬液浓度测定	每班	黑光辐照度	每天
磁悬液污染测定	每班	白光照度	每周
水断试验	每班	环境光照度	每周
安培计读数校验	六个月	黑光辐照计	六个月
时间控制器校验	六个月	白光照度计	六个月
磁场快速断电校验	六个月	特斯拉计	六个月
设备内部短路检查	六个月	磁强计	六个月
电流载荷试验	每月	退磁设备的校验	六个月

（二）NB/T 47013.4—2015《承压设备无损检测　第 4 部分：磁粉检测》

NB/T 47013.4—2015《承压设备无损检测　第 4 部分：磁粉检测》规定了承压设备焊缝及其原材料、机加工部件磁粉检测方法及质量分级要求等，它适用于铁磁性材料制板材、复合材料、管材和锻件等表面或近表面缺陷的检测，以及铁磁性材料对接接头、T 形焊接接头和角接接头等表面或近表面缺陷的检测。另外，承压设备有关的支承件和结构件的磁粉检测也可参考该标准。其具体内容包括以下几个部分。

1. 检测人员

NB/T 47013.4—2015《承压设备无损检测　第 4 部分：磁粉检测》规定从事磁粉检测的人员应满足 NB/T 47013.1—2015 的有关规定。

2. 磁粉检测设备

NB/T 47013.4—2015《承压设备无损检测　第 4 部分：磁粉检测》规定磁粉检测设备的性能应符合 JB/T 8290—2011《无损检测仪器　磁粉探伤机》的规定。当使用磁轭最大间距时，交流电磁轭提升力不小于 45N，直流（包括整流）电磁轭或永久磁轭不小于 177N，交叉电磁轭不小于 118N（间隙≤0.5mm）。退磁装置要保证工件退磁后剩磁不超过 0.3mT（240A/m）。

3. 磁粉和磁悬液

NB/T 47013.4—2015《承压设备无损检测　第 4 部分：磁粉检测》要求磁粉应具有高磁导率、低矫顽力和低剩磁，非荧光磁粉应与被检工件表面颜色有较高对比度。磁粉粒度和性能等其他要求应符合 JB/T 6063—2006《无损检测　磁粉检测用材料》的规定。磁悬液的浓度一般应符合表 4-9 中的规定。

表 4-9　NB/T 47013.4—2015 磁悬液的浓度

磁粉类型	配置浓度/(g/L)	沉淀浓度（含固体量）/(mL/100mL)
非荧光磁粉	10~25	1.2~2.4
荧光磁粉	0.5~3.0	0.1~0.4

4. 标准试片及标准试块

NB/T 47013.4—2015《承压设备无损检测　第 4 部分：磁粉检测》规定的磁粉检测标准试片包括 A1 型、C 型、D 型和 M1 型标准试片，其中 A1 型、C 型和 D 型标准试片应符合 GB/T 23907—2009《无损检测　磁粉检测用试片》的规定。

磁粉检测时一般应选用 A1：30/100 型标准试片。当检测焊缝坡口等狭小部位，由于尺寸关系，A1 型标准试片使用不便时，一般可选用 C：15/50 型标准试片。为了更准确地推断出被检工件表面的磁化状态，当用户需要或技术文件有规定时，可以选用 D 型或 M1 型标准试片。

中心导体磁化方法标准试块应符合 GB/T 23906—2009《无损检测　磁粉检测用环形试块》的规定。

5. 磁化电流、方法、规范

（1）磁化电流

NB/T 47013.4—2015《承压设备无损检测　第 4 部分：磁粉检测》规定了磁粉检测常用的电流类型有交流电、整流电（全波整流、半波整流）和直流电。并且磁化规范要求的交流磁化电流值为有效值，整流电流值为平均值。

（2）磁化方法

NB/T 47013.4—2015《承压设备无损检测　第 4 部分：磁粉检测》规定的磁化方法包括纵向磁化、周向磁化和复合磁化。

①纵向磁化

检测与工件轴线或母线方向垂直或夹角大于或等于 45°的线性缺陷，常用方法有线圈法和磁轭法。

②周向磁化

检测与工件轴线或母线方向平行或夹角小于或等于 45°的线性缺陷，常用方法有轴向通电法、触头法、中心导体法和偏心导体法。

③复合磁化

复合磁化法包括交叉磁轭法、交叉线圈法和直流线圈与交流磁轭组合等多种方法。

④焊缝的典型磁化方法

焊缝的典型磁化方法包括磁轭法、触头法、绕线缆法和交叉磁轭法等磁化方法。对于典型磁化方法检测范围及重叠区域的规定如下。

a. 磁轭法

磁化间距为 75~200mm，有效宽度为两极连线两侧各 1/4 极距，磁化区域不少于 10%范围；其磁化规范应经标准试片验证。

b. 线圈法的磁化范围

低填充时磁化范围为线圈中心向两侧分别延伸至线圈端外侧各一个线圈半径范围内；中填充磁化范围为线圈中心向两侧分别延伸至线圈端外侧各 100mm 范围内；高填充时磁化范围为线圈中心向两侧分别延伸至线圈端外侧各 200mm 范围内。

c. 偏置芯棒法的磁化范围

外表面有效检测区长度约 4 倍芯棒直径，重叠区长度应不小于 10%。

d. 触头法的磁化范围

电极间距 75~200mm 有效宽度为触头中心线两侧各 1/4 极距，磁化区域不少于 10%重叠。

（3）磁化规范

NB/T 47013. 4—2015《承压设备无损检测 第 4 部分：磁粉检测》规定磁场强度可以用以下几种方法确定：①用经验公式计算；②利用材料的磁特性曲线确定合适的磁场强度；③用磁场强度计测量施加在工件表面的切向磁场强度，连续法检测时应达到 2. 4~4. 8kA/m，剩磁法检测时应达到 14. 4 kA/m；④用标准试片（块）来确定磁场强度是否合适。

①周向磁化规范

关于轴向通电法和中心导体法的磁化规范如表 4-10 所示，触头法磁化规范如表 4-11 所示。

表 4-10 轴向通电法和中心导体法磁化规范

检验方法	电流值计算	
	交流电	直流电、整流电
连续法	I 取 $8D$~$15D$	I 取 $12D$~$32D$
剩磁法	I 取 $25D$~$45D$	I 取 $25D$~$45D$
注：D 为工件横截面积上最大尺寸，单位为毫米（mm）。偏心导体法中 D 的数值取芯棒导体直径加两倍工件壁厚。		

表 4-11 触头法磁化规范

工件厚度 t/mm	电流值 I/A
t<19	（3. 5~4. 5）倍触头间距
t≥ 19	（4~5）倍触头间距

②纵向磁化规范

采用磁轭法磁化工件时，其磁化规范应经标准试片验证。

采用线圈法磁化工件时，其有效磁化区域：低填充系数线圈法为从线圈中心向两侧分别延伸至线圈端外侧各一个线圈半径范围内；中填充系数线圈法为从线圈中心向两侧分别延伸至线圈端外侧各 100mm 范围内；高填充系数线圈法或绕电缆法为从线圈中心向两侧分别延伸至线圈端外侧各 200mm 范围内。超过上述区域时，应采用标准试片确定。其磁化电流的计算如表 4-12 所示。

表 4-12　线圈法纵向磁化规范

线圈填充系数	线圈安匝数计算公式
$\gamma \geqslant 10$	偏心放置时：$IN = \frac{45000}{L/D}(\pm 10\%)$ 正中放置时：$IN = \frac{1690R}{6(L/D)-5}(\pm 10\%)$
$\gamma \leqslant 2$	$IN = \frac{35000}{(L/D)+2}(\pm 10\%)$
$2<\gamma<10$	$IN = (IN)_h \times \frac{(10-\gamma)}{8} + (IN)_l \times \frac{(\gamma-2)}{8}$

注：γ 为填充系数；I 为磁化电流值，单位为安培（A）；N 为线圈匝数；L 为制件长度，单位为毫米（mm）；D 为制件直径或有效直径，单位为毫米（mm）；$(IN)_h$ 为高填充系数线圈的安匝数值；$(IN)_l$ 为低填充系数线圈的安匝数值。

6. 质量控制

NB/T 47013.4—2015《承压设备无损检测　第 4 部分：磁粉检测》要求磁粉检测用设备、仪表及材料应在使用期内保持良好。具体的校验项目和校验周期如表 4-13 所示。

表 4-13　NB/T 47013.4—2015 校验项目和周期

校验项目	最长校验周期
综合性能试验	每次工作前
磁悬液浓度测定	每次工作前
磁悬液污染判定	每周
磁悬液润湿性能	每次检测前
电流表校验	半年
电磁轭提升力校验	半年

表 4-13（续）

校验项目	最长校验周期
黑光辐照度核查	每周
照度计校验	每年
黑光辐照计校验	每年
磁场强度计校验	每年

7. 质量分级

NB/T 47013.4—2015《承压设备无损检测 第 4 部分：磁粉检测》规定：紧固件和轴类零件不允许任何横向缺陷显示。焊接接头的质量分级按表 4-14 进行。其他部件的质量分级按表 4-15 进行。

表 4-14 NB/T 47013.4—2015 焊接接头的质量分级

等级	线性缺陷磁痕	圆形缺陷磁痕（评定框尺寸为 35mm×100mm）
Ⅰ	$l \leqslant 1.5$	$d \leqslant 2.0$，且在评定框内不大于 1 个
Ⅱ	大于Ⅰ级	
注：l 表示线性缺陷磁痕长度，单位为 mm；d 表示圆形缺陷磁痕长径，单位为 mm。		

表 4-15 NB/T 47013.4—2015 其他部件的质量分级

等级	线性缺陷磁痕	圆形缺陷磁痕（评定框尺寸为 2500mm² 其中一条矩形边长最大为 150mm）
Ⅰ	不允许	$d \leqslant 2.0$，且在评定框内不大于 1 个
Ⅱ	$l \leqslant 4.0$	$d \leqslant 4.0$，且在评定框内不大于 2 个
Ⅲ	$l \leqslant 6.0$	$d \leqslant 6.0$，且在评定框内不大于 4 个
Ⅳ	大于Ⅲ级	
注：l 表示线性缺陷磁痕长度，单位为 mm；d 表示圆形缺陷磁痕长径，单位为 mm。		

任务 3
掌握磁粉检测质量控制的方法

航空装备无损检测工作的质量控制，需要从人、机、料、法、环五个环节进行控制。具体到磁粉检测，为了保证磁粉检测的质量，需要对检测人员资质、检测设备和器材、磁悬液、检测方法、检测环境五个方面因素逐个加以控制。

一、人员资质的控制

磁粉检测人员按技术等级分为Ⅰ级（初级）、Ⅱ级（中级）和Ⅲ级（高级）。取得不同检测方法各技术等级的人员，只能从事与该方法和该等级相应的无损检测工作，并负相应的技术责任。尚未取得技术资格等级证书的人员作为学员，学员不允许独立进行检测。

在磁粉检测过程中，磁痕显示主要靠目视观察，因此要求磁粉检测人员应具有良好的视力。磁粉检测人员未经矫正或经矫正的近（距）视力和远（距）视力应不低于5.0（小数记录值为1.0），并1年检测1次视力，也不得有色盲。

磁粉检测是保证产品质量和安全的一项重要手段，所以检测人员的培训、资格认证和人员素质要求至关重要，必须符合相关行业的人员考核和监督管理规定的要求。磁粉检测人员除了具有一定的磁粉检测基础知识和专业知识外，还应具有无损检测相关知识和航空装备专门知识，了解航空装备保障的法规及装备维护规程，以及无损检测专业知识在航空装备保障中的应用。检测人员还应具有丰富的实践经验和熟练的操作技能。

二、检测设备和器材的质量控制

磁化设备和退磁设备性能应定期校验，以确保设备功能正常、符合检测要求。辅助器材也应定期检定或检验。

（一）电流载荷试验

磁化设备应每月进行一次电流载荷试验。试验时可采用一根长500mm、直径25mm的实心铜棒或铝棒来进行。把铜棒或铝棒紧夹在两电极之间，然后把磁化回路逐步调到经常使用的最大电流，接通电源，电流显示装置的指示应能够达到经常使用的最大电流值；再把磁化回路逐步调到经常使用的最小电流，接通电源，电流显示装置的指示应能够达到经常使用的最小电流值。试验后，应在设备上用标签注明经常使用的最大电流值和最小电流值。

（二）电流显示装置读数校验

电流显示装置读数校验应每6个月进行一次。探伤机电流显示装置示值与电流实际值的偏差应不大于电流实际值的±10%或50 A（二者取大值）。

检验时，应测量至少三个不同强度的电流值，并覆盖检测所用整个磁化电流值区间。测量一个值时，至少读取3个符合理论值的读数，并取其平均值，作为磁化电流的实际值。测量电流值时，可采用下列方法。

1. 磁化回路中串联一个经校准的电流表或将磁化电缆穿过一个经校准的环形电流表。对于非正弦交流及非正弦交流电整流得到的脉动电流，校验时应使用能够以模拟电压方式输出检测结果的电流表，再使用示波器测量该电压信号进而换算得到电流值。

2. 磁化回路中串联安培计分流器，再通过测量安培计分流器两端的电压换算得到电流值。对于非正弦交流及非正弦交流电整流得到的脉动电流，应采用示波器测量安培计分流器两端的电压进而换算得到电流值。

所使用的电流表、环形电流表、示波器均应经过校准，并在有效期内。

(三) 时间控制器校验

时间控制器校验应每6个月进行一次。时间控制器的误差应不大于±0.1s。应采用合适的电子计时器对时间控制器进行校验。

(四) 磁轭提升力校验

磁轭，应每6个月进行一次提升力校验。交流磁轭提升力应不小于45N，直流磁轭提升力应不小于177N，交叉磁轭提升力应不小于188N。

校验时可采用提升力试块进行。将相应重量的提升力试块水平放置于非铁磁性桌面或地面上，磁轭保持磁轭极最大间距状态并置于提升力试块上表面中央。然后接通磁轭电源对试块进行充磁，同时向上提升磁轭，观察能否将试块提离放置面。若磁轭通电磁化后能够将试块提离放置面，则判定提升力达到了要求；若磁轭通电磁化后不能够将试块提离放置面，则适当调小磁轭极间距继续测试，直至能够将试块提离放置面，测量并记录此时的磁轭极间距，作为该磁轭可用的最大工作间距。

(五) 设备内部短路检查

除磁轭以外的磁化设备，应每6个月进行一次设备内部短路检查。设备不应有短路现象。检查时，将设备设置为直接通电法磁化状态，调整磁化回路到经常使用的最大电流，当设备两电极之间不放置任何导体时，通电后观察电流显示装置示值，若指针式电流表的指针不偏转或数字式的电流示值不大于20A，则判定设备没有短路现象，否则应进行修理。

(六) 退磁设备的校验

退磁设备的校验应每6个月进行一次。用特斯拉计直接测量退磁线圈中心的磁场强度，应不小于32kA/m。

(七) 辅助仪器计量

特斯拉计、高斯表、白光照度计和黑光辐照计应由有资质的检测机构定期计量，并在有效期内使用。检定周期一般为6个月。

三、磁悬液的质量控制

(一) 磁悬液浓度测定

磁悬液的浓度范围应符合表4-16的规定，并且应定期进行性能校验。对于在固定式磁粉探伤设备上循环使用的磁悬液，沉淀浓度一般采用梨形沉淀管，用测量容积的方法来测定，每天开始检验前进行测量。

表4-16 磁悬液浓度

磁粉类型	配置浓度/(g/L)	沉淀浓度（含固体量）/(mL/100mL)
非荧光磁粉	10~25	1.2~2.4
荧光磁粉	0.5~3.0	0.1~0.4

（二）磁悬液更换

循环使用的磁悬液，更换周期应根据磁悬液污染情况确定。气候炎热干燥或对要求较高的零件进行检测时，更换周期可适当缩短。

（三）磁悬液污染度判定

在每次新配制磁悬液时，将搅拌均匀的磁悬液在玻璃瓶中注满200mL，放在阴暗处，作为标准磁悬液，用于每周一次和使用过的磁悬液做对比试验，进行污染度判定。

（四）水磁悬液润湿性试验（水断试验）

对于水磁悬液，应每班进行一次，当更换或调整磁悬液后也应进行。进行水断试验时，在与试块或实际零件表面状态相同的干净零件上浇注水磁悬液，停止浇注水磁悬液后，检查零件表面的状况。若在整个零件表面形成了一个连续的薄膜，则表明水磁悬液润湿性良好；若磁悬液薄膜不连续，露出了零件表面，则表明水磁悬液润湿性能不合格。此时应添加润湿剂或清洗工件表面，使之达到完全润湿。

（五）荧光磁悬液亮度检查

荧光磁悬液中的荧光磁粉亮度每月应与同类没有使用过的新荧光磁悬液比较一次，检查步骤如下：

1. 在每次配置新荧光磁悬液时，搅拌均匀后装满一试管，用塞子塞紧，并放在低温阴暗处备用。

2. 把探伤机内使用过的荧光磁悬液彻底搅拌后装满一试管，沉淀30min后，在黑光灯下对两个试管中下沉的磁粉进行比较，亮度不应有明显差异，否则应更换荧光磁悬液。

四、检测方法的控制

（一）检测工艺的控制

磁粉检测应按照适合于被检零件或同一批零件的工艺规程（或检测工艺）执行，确保检测过程的一致性、重复性和检测结果的可靠性。

磁粉检测工艺规程至少应确定下述内容：

1. 被检零件的名称、图号、钢材的牌号和热处理状态；
2. 零件的检测部位或区域；
3. 检测方法（剩磁法、连续法）；
4. 检测鉴别的参考试块；
5. 磁化方法；
6. 磁化设备的型号和磁化电流的形式；
7. 磁化电流规范；
8. 零件检测前的预处理工作；
9. 磁粉的种类（非荧光、荧光）和施加磁粉的方法及设备，以及磁悬液浓度的限制；
10. 磁痕显示的评判要求和判废准则；
11. 检测后的记录形式和标识形式；

12. 检测后的退磁和清洁要求；

13. 工艺规程编制和审核及日期。

磁粉检测工艺规程应由磁粉检测Ⅱ级或Ⅲ级人员编制，由磁粉检测Ⅲ级人员或专业主管审核。磁粉检测工艺规程中的检测方法、磁化方法、磁化电流形式、磁化电流规范等关键检测参数应合理正确。

（二）综合性能试验的控制

每班磁粉检测开始前，应进行综合性能（系统灵敏度）试验，只有证实检测系统完全有效后，才能对零件进行检测操作。综合性能试验可采用下列方法中的一种或几种方法：

1. 采用有代表性的参考试块。试块上含有验收标准上规定类型、位置和尺寸的不连续性缺陷。按照预先制定的书面程序文件检测这些试块。若在这些试块上能产生并识别出正确的磁痕显示，则整个系统和检测程序可满足磁粉检测要求，否则表明磁悬液不合格或设备处于不正常状态。校验用的试块在校验完成后应退磁、清理，并在适当光照条件下检查，应无残留磁痕。

2. 采用标准试片。将试片无人工缺陷面朝外贴于零件表面，用湿法连续法检测，应能清晰显示试片表面磁痕，否则表明磁悬液不合格、设备处于不正常状态或检测程序不恰当。

3. 采用 E 型试块进行交流磁化系统综合检测灵敏度检验。将 E 型试块夹在磁化设备两个电极之间，通以有效值 700A 的正弦交流电流或峰值 1000A 的非正弦交流电流，用湿法连续法检测，应能清晰显示一个缺陷孔。如果三个孔均不能显示出来，表明磁悬液不合格或设备处于不正常状态。

4. 采用 B 型试块进行直流磁化系统综合检测灵敏度校验。将长度不小于 400mm、直径 25~31mm 的黄铜棒置于 B 型试块中心并夹在磁化设备两个通电电极之间，用脉动电流磁化，用湿法连续法检测，在试块外部边缘上要求显示的最少孔数如表 4-17 所示。如果显示孔数不符合要求，表明磁悬液不合格或设备处于不正常状态。

表 4-17　B 型标准试块要求的磁化电流和应显示的孔数

方法	电流峰值/A	应显示的最少孔数/个
非荧光湿法	1400	3
	2500	5
	3400	6
荧光湿法	1400	3
	2500	5
	3400	6

五、检测环境的控制

（一）一般要求

磁粉检测应在宽敞、整洁且通风良好的环境中进行。室内检测时，磁粉检测工作间宜为单独的有顶棚的房间，其面积一般不小于 30m^2，地面宜为地砖，墙壁平整；室内温度应不低于 15℃。室外检测时，如果环境温度低于 15℃，应确保满足下列条件后再进行检测操作：

1. 所有现场检测需要使用的设备和辅助仪器的最低工作温度均不高于该环境温度。

2. 在检测现场进行综合性能试验，证实该环境温度下磁悬液性能满足要求、检测系统完全有效。

3. 固定式探伤机应配专门的供电电源，电源电压变化应不超过额定值的±10%。

4. 磁粉检测场所应有足够的光照度，采用非荧光磁粉检测时，检测区域的白光照度应不小于 1000lx；采用荧光磁粉检测时，应在环境光照度不大于 20lx 的暗室或暗区进行，被检工件表面的黑光辐照度应不小于 1000μW/cm^2。

（二）光照度测量

1. 可见光照度

在磁粉检测场地应有均匀而明亮的照明，要避免强光和阴影。采用非荧光磁粉检测时，被检工件表面的可见光照度应大于或等于 1000lx。若现场条件有限，无法满足时，可以适当降低，但不能低于 500lx。且应每班进行一次。测量时将白光照度计传感器置于被检工件上，水平移动传感器直至显示数值达到最大值。

2. 环境光照度

所谓环境光是指来自所有光源，包括从黑光灯发射出的检验区域的可见光。采用荧光磁粉检测时，暗室环境光照度应不大于 20lx。采用荧光磁粉检测时，应每班进行一次，测量方法如下：

（1）打开黑光灯，关闭所有白光光源，使磁粉检测工作间处于暗室环境。

（2）将白光照度计传感器置于黑光灯下的检测区域，慢慢移动，读取显示的最大读数。

（3）环境光照度应不大于 20lx。

3. 黑光辐照度

采用荧光磁粉检测时，应有能产生波长在 320~400nm 范围内，中心波长约为 365nm 的黑光灯。在工件表面的黑光辐照度应大于或等于 1000μW/cm^2。

黑光灯电源线路电压波动超过±10%时，应装稳压电源，黑光辐照度采用黑光辐照计测量，应每班进行一次，测量方法如下：

（1）检查黑光灯灯泡及滤光片是否干净无破损，用正确的方法擦净黑光灯滤光片。滤光片破损的黑光灯不允许使用。

（2）打开黑光灯预热至少 15min。

（3）将黑光辐照计传感器置于黑光灯滤光片前沿 380mm 位置处或被检工件上，在和光束垂直的平面内移动传感器直至显示数值达到最大值。

（4）380mm 处或检测区域的黑光辐照度应不小于 1000μW/cm^2。

任务 4

做好磁粉检测的安全防护

航空装备的磁粉检测由于涉及电流、磁场、紫外线、粉尘、溶剂等，而且有时还需要在外场条件下进行飞机原位检测，所以检测人员必须掌握正确的安全防护常识，在进行磁粉检测的同时主要保护自身不受伤害，避免设备和人员事故。需要注意的有以下几点。

一、磁粉检测过程中的潜在危害

1. 使用通电法和触头法磁化时，电接触应保持良好，电接触部位不应有锈蚀和氧化皮，同时触头通电时务必不要离开工件，否则会产生电弧打火现象，有可能烧伤工件或烧伤检测人员的皮肤，甚至会引起油磁悬液起火，引发火灾。

尤其要注意的是：①不要使用通电法和触头法检验盛装过易燃易爆品的容器内壁焊缝，以免产生电弧而起火；②在易燃易爆场所附近，禁止使用通电法和触头法进行磁粉检测。

2. 由于铅皮质地柔软，有利于在夹头压力下更好地贴合工件，达到增加接触面积的目的，通常会在磁化夹头或电接触部位加垫铅皮。在使用铅皮作为接触板的衬垫时应注意，如果接触不良或电流过大，也会发生打火并产生有毒的铅蒸气，轻则使人头晕眼花，重则使人中毒。因此，只有在通风良好时才可以使用铅皮作为衬垫，并尽量避免产生电弧打火。通常情况下建议使用铜网作为衬垫，但对于容易产生铜脆的材料不能使用铜网作为衬垫。

3. 在选用磁粉或磁悬液时，不得使用不符合要求的有毒磁粉等材料，以避免引起有害影响。在干法检验时，使用或去除多余磁粉时，要避免悬浮的颗粒物等被吸入或进入人眼睛、耳朵。

4. 在荧光磁粉检测时，黑光灯激发的黑光对眼睛和皮肤会产生有害影响，人眼应避免直接注视黑光源，并应经常检查滤光板，滤光板不允许有任何裂纹，以防止短波紫外线对人的危害。磁粉检测人员在检验时应佩戴防紫外线眼镜。此外，大多数黑光灯工作温度非常高，操作时应避免皮肤与之接触而产生烧伤等危害。

但实践证明，只要正确使用黑光灯，并做好安全防护措施就可以有效避免紫外线对人体的危害。

5. 使用冲击电流法磁化时，不得用手接触高压电路，以防止高压伤人。

6. 磁粉检测设备应定期正确维护，JB/T 8290—2011《无损检测仪器　磁粉探伤机》规定磁粉探伤机整机绝缘电阻应不小于 4MΩ，以防止电气短路或漏电给人员安全带来威胁。使用水基磁悬液时，绝缘不良会产生电击伤人危害。

7. 磁粉检测使用低闪点油基载液时，在检测环境区域内不允许有明火或火源。

二、磁粉检测人员的自我防护

1. 检测人员连续检验时，工间应适当休息，避免用眼疲劳。当需要矫正视力才能满足要求时，应佩戴适用的眼镜。

2. 检测人员工作时应着工作服、工作鞋，并戴耐油塑胶手套、口罩、围裙和套袖等。

3. 磁粉检测人员应定期检查身体。

4. 在高空、野外和防爆场所进行检测时，应采取适当的保护措施。

5. 装有心脏起搏器的人员应禁止参与具体的磁粉检测操作。

6. 从事磁粉检测工作的人员应注意加强体育锻炼，增强自身体抵抗力。

【项目训练】

一、填空题

1. GJB 2028A—2019《磁粉检测》规定：荧光磁悬液的配制浓度是________ g/L，沉淀浓度是________ mL/100mL；非荧光磁悬液的配制浓度是________ g/L，沉淀浓度是________ mL/100mL。

2. 标准规定：当不连续性缺陷的方向与磁力线垂直时，检测灵敏度最高；当两者夹角小于________时，不连续性缺陷很难被检测出来。

3. GJB 2028A—2019《磁粉检测》规定：采用周向磁化连续法检测时，磁粉检测所需施加的磁场强度沿制件表面的切向分量应不小于________ kA/m；当采用周向磁化剩磁法检测时，磁粉检测所需施加的磁场强度沿制件表面的切向分量应不小于________ kA/m。

4. NB/T 47013. 4—2015《承压设备无损检测　第 4 部分：磁粉检测》规定：当使用磁轭最大间距时，交流电磁轭提升力不小于________ N，直流（包括整流）电磁轭或永久磁轭不小于________ N，交叉电磁轭不小于________ N（间隙≤0. 5mm）。

5. NB/T 47013. 4—2015《承压设备无损检测　第 4 部分：磁粉检测》规定：磁粉检测时一般应选用 A1：________型标准试片。当检测焊缝坡口等狭小部位，由于尺寸关系，A1 型标准试片使用不便时，一般可选用 C：________型标准试片。

二、简答题

1. 在役航空构件磁粉检测的特点有哪些？

2. 磁悬液的质量控制需要注意哪些方面？

3. 简述磁粉检测的环境控制要求。

三、思考题

你认为 GJB 2028A—2019《磁粉检测》和 NB/T 47013. 4—2015《承压设备无损检测 第 4 部分：磁粉检测》的主要区别是什么？应该如何正确地使用标准？

项目二：
航空构件的周向磁化磁粉检测

【项目目标】

- 知识目标
  1. 知道在役航空构件周向磁化的具体方法；
  2. 掌握在役航空构件周向磁化磁粉检测的一般工作流程；
  3. 掌握识别缺陷磁痕的方法。
- 能力目标

  能够按照工艺要求，对航空构件实施周向磁化磁粉检测工作。

【项目描述】

周向磁化磁粉检测法是利用周向磁化方法，发现沿工件轴向方向上的表面和近表面缺陷的一种磁粉检测方法。常用的周向磁化方法主要有通电法、支杆法、穿棒法、感应电流法等。周向磁化磁粉检测适用于轴类、中空管类、圆盘圆环类航空构件的轴向以及端面径向缺陷的检测。本项目将通过不同的检测案例来学习掌握航空构件的周向磁化磁粉检测的应用。

【项目实施】

任务 1
航空发动机燃油泵分油盘的周向磁化磁粉检测

一、工作任务

航空发动机燃油泵分油盘的周向磁化磁粉检测。

二、任务过程

（一）检测前准备

1. 检测对象

（1）工件名称：发动机燃油泵分油盘（见图 4-1）。

（2）工件的材料：30CrMnSiNi2A。

（3）检测部位：全部表面。

（4）缺陷类型：表面径向疲劳裂纹。

图 4-1　发动机燃油泵分油盘

2. 检测器材

（1）仪器：CED-2000 型移动磁粉探伤机（见图 4-2）或同类型设备。通电前，检查仪器、电缆线是否良好；通电检查设备状态是否正常。

图 4-2　CED-2000 型移动磁粉探伤机

（2）磁悬液：采用黑磁粉，配制浓度 10～25g/L 的煤油磁悬液；或使用黑油磁悬液喷罐。

（3）其他器材：直径 6mm 铜棒一根、磁强计一只、放大镜一个、直尺一把、抹布若干、清洗剂、砂纸等。

3. 检测方法

由分油盘的装配位置和工作状态分析，它容易在表面产生沿径向的疲劳裂纹，应采用周向磁化方法进行检测，在这里采用剩磁法进行检测，磁化方法选中心导体法。

（二）检测实施

第一步：预处理

由机务人员协助将分油盘从发动机上分解下来；用干净的无毛抹布将分油盘表面的灰尘擦拭干净，再利用清洗剂清除分油盘表面的油污和润滑脂。若分油盘表面有锈蚀，则应该先用砂纸轻轻除去表面锈蚀，再将分油盘表面清洗干净。

第二步：磁化处理

依据 GJB 2028A—2019《磁粉检测》要求，计算磁化电流；将铜棒从分油盘中心孔穿入（见图 4-3），使铜棒两端与两电极支杆紧密接触。为保持夹持紧密，应在铜棒与电极的接触面加垫铜网以增加接触面积，防止打火。利用控制面板，输入磁化电流预选值，点击“磁化”按钮，磁化 1～2 次。

第三步：施加磁悬液

将分油盘从导体棒上取下（注意：由于磁化电流较大，导体棒温度较高不要灼伤双手）。将磁悬液摇匀，向分油盘整个表面喷洒磁悬液，直至将整个表面区域全部润湿，放置 1～2min 后进行检查。也可以将磁化后的分油盘放入到搅拌均匀的磁悬液容器中，浸放 10～20s。

注意：在工件没有检验完毕前，不要与任何铁磁性材料接触，以免产生磁写。

第四步：磁痕观察

观察时，被检分油盘表面应有充足的自然光或日光灯照明，可见光照度不小于1000lx，并避免强光或阴影。

仔细观察分油盘表面，看有无线状磁粉堆积。如发现线状磁粉堆积，且磁粉堆积紧密，形成峰状，并带有尖锐的尾巴时，可将磁粉擦掉，再喷洒磁悬液，如复现性很好，可判为裂纹，如图4-4所示。

缺陷长度测量：如果发现裂纹，可以用直尺测量裂纹长度，也可进行拍照留存。

图4-3　分油盘磁化示意图

图4-4　分油盘缺陷显示

第五步：退磁

对检查合格的分油盘，用不小于磁化电流大小的电流值进行退磁。在仪器控制面板上输入周向退磁电流预选值。点击“退磁”按钮，退磁1~2次。

退磁完毕后，测量剩磁应不大于3Gs。

（三）收尾工作

收尾工作主要包括：清点检测器材、清洁检测面、填写探伤报告单。

（四）注意事项

1. 使用外接电源时，应注意安全。
2. 发现检测区域异常用渗透检测方法验证。

任务2

航空发动机压气机转子衬套的周向磁化磁粉检测

一、工作任务

航空发动机压气机转子衬套的周向磁化磁粉检测。

二、任务过程

（一）检测前准备

1. 检测对象

（1）工件名称：发动机压气机转子衬套（见图4-5）。

（2）工件的材料：30CrMnSiNi2A。

（3）检测部位：全部表面。

（4）缺陷类型：表面径向疲劳裂纹。

图 4-5　发动机压气机转子衬套

2. 检测器材

（1）仪器：CTW-6000 型智能磁粉探伤机或同类型设备。通电前，检查仪器、电缆线是否良好；通电检查设备状态是否正常。

（2）磁悬液：采用荧光磁悬液喷罐。

（3）其他器材：磁强计一只、铜棒一根、暗室一间、黑光灯一台、抹布若干、清洗剂、直尺、砂纸等。

3. 检测方法

由压气机转子衬套的装配位置和工作状态分析，它容易在表面产生沿轴向及端面径向的疲劳裂纹，应采用周向磁化方法进行检测，在这里采用剩磁法进行检测，磁化方法选偏心导体法，磁化次数 5 次。

（二）检测实施

第一步：预处理

由机务人员协助将发动机压气机转子衬套从发动机上分解下来；用干净的无毛抹布将发动机压气机转子衬套表面的灰尘擦拭干净，再利用清洗剂清除其表面的油污和润滑脂。若衬套表面有锈蚀，则应该先用砂纸轻轻除去表面锈蚀，再将其表面清洗干净。

第二步：磁化处理

依据 GJB 2028A—2019《磁粉检测》要求，计算磁化电流；将铜棒穿过转子衬套（见图 4-6），使铜棒两端夹持在两电极之间。为保持夹持紧密，应在铜棒与电极的接触面加垫铜网以增加接触面积，防止打火；利用控制面板，输入磁化电流预选值，点击“磁化”按钮，磁化 1~2 次。每磁化一次，将衬套旋转 72°，共磁化 5 次。

图 4-6　发动机压气机转子衬套磁化示意图

第三步：施加磁悬液

将发动机压气机转子衬套从导体棒上取下（注意：由于磁化电流较大，导体棒温度较高不要灼伤双手）。在暗室中，将磁悬液摇匀，向转子衬套整个表面喷洒磁悬液，直至表面区域全部润湿，放置 1～2min 后在黑光灯下检查。也可以将磁化后的发动机压气机转子衬套放入到搅拌均匀的磁悬液容器中，浸放 10～20s。

注意：检测人员进入暗室后，应至少经过 3min 的暗区适应后，才能进行荧光检测操作；检测人员不应佩戴影响观察结果的眼镜；在工件没有检验完毕前，不要与任何铁磁性材料接触，以免产生磁写。

第四步：磁痕观察

观察时，暗室的环境可见光照度不得超过 20lx，被检工件表面的黑光辐照度不得小于 1000μW/cm^2。

仔细观察转子衬套表面，看有无线状磁粉堆积。如发现线状磁粉堆积，且磁粉堆积紧密，形成峰状，并带有尖锐的尾巴时，可将磁粉擦掉，再喷洒磁悬液，如复现性很好，可判为裂纹。

缺陷长度测量：如果发现裂纹，可以用直尺测量裂纹长度，也可进行拍照留存。

第五步：退磁

对检查合格的发动机压气机转子衬套进行退磁。将发动机压气机转子衬套按照磁化时的方式夹装到设备上，点击“退磁”按钮，退磁 1～2 次。每退磁一次，将衬套旋转 72°，共退磁 5 次。

退磁完毕后，测量剩磁应不大于 3Gs。

（三）收尾工作

收尾工作主要包括：清点检测器材、清洁检测面、填写探伤报告单。

（四）注意事项

1. 使用外接电源时，应注意安全。

2. 发现检测区域异常用渗透检测方法验证。

任务 3

接耳衬套的周向磁化磁粉检测

一、工作任务

接耳衬套的周向磁化磁粉检测。

二、任务过程

（一）检测前准备

1. 检测对象

（1）工件名称：接耳衬套（见图 4-7）。

（2）工件的材料：30CrMnSiA。

（3）检测部位：衬套表面可视部位。

（4）缺陷类型：纵向疲劳裂纹或径向疲劳裂纹。

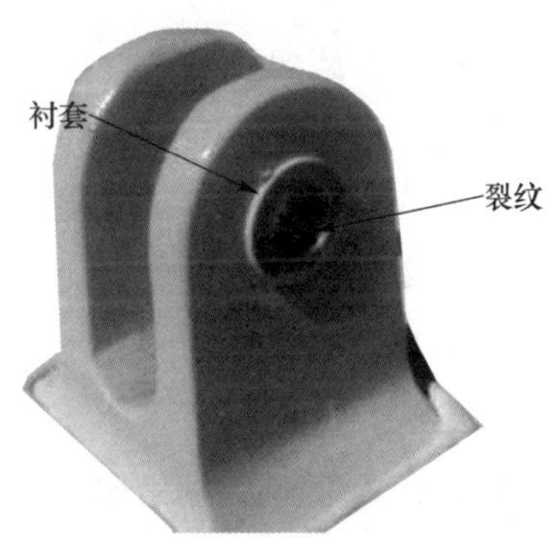

图 4-7　接耳衬套及其检测部位

2. 检测器材

（1）仪器：CED-2000 型移动磁粉探伤机或同类型设备。通电前，检查仪器、电缆线是否良好；通电检查设备状态是否正常。

（2）磁悬液：采用黑磁粉，配制浓度 10～25g/L 的煤油磁悬液；或使用黑油磁悬液喷罐。

（3）其他器材：铜棒一根、磁强计一只、内窥镜或反光镜一个、游标卡尺一把、抹布若干、清洗剂等。

3. 检测方法

由接耳衬套的装配位置和工作状态分析，它容易在表面产生沿轴向及端面径向的疲劳裂纹，应采用周向磁化方法进行检测，在这里采用剩磁法进行检测，磁化方法选中心导体法。

（二）检测实施

第一步：预处理

若检测表面有漆层，需要先去除漆层，再用干净的无毛抹布将检测区域表面的灰尘擦拭干净，再利用清洗剂清除其表面的油污和润滑脂。若衬套表面有锈蚀，则应该先用砂纸轻轻除去表面锈蚀，再将其表面清洗干净。

第二步：磁化处理

依据 GJB 2028A—2019《磁粉检测》要求，计算磁化电流；将铜棒穿过衬套（见图 4-8），使铜棒两端与两电极支杆紧密接触。为保持夹持紧密，应在铜棒与电极的接触面加垫铜网以增加接触面积，防止打火。利用控制面板，输入磁化电流预选值，点击“磁化”按钮，磁化 1~2 次。

图 4-8　铜棒穿过接耳衬套

第三步：施加磁悬液

磁化后取出导体棒，将摇匀的磁悬液往衬套孔内浇注 2~3 遍，每次间隔约 10s，保证零件表面均匀润湿。1min 后，借助放大镜观察。对于目视不可达区域，可使用反光镜或内窥镜辅助观察。

第四步：磁痕观察

仔细观察衬套表面，看有无线状磁粉堆积。如发现线状磁粉堆积，且磁粉堆积紧密，形成峰状，并带有尖锐的尾巴时，可将磁粉擦掉，再喷洒磁悬液，如复现性很好，可判为裂纹。

缺陷的大小：如果发现裂纹，可以用内窥镜或游标卡尺测量裂纹长度，也可进行拍照留存。

第五步：退磁

对检查合格的衬套进行退磁。按照磁化时的方式夹装到设备上，点击“退磁”按钮，退磁 1~2 次。退磁完毕后，测量剩磁应不大于 3Gs。

（三）收尾工作

收尾工作主要包括：清点检测器材、清洁检测面、填写探伤报告单。

（四）注意事项

1. 使用外接电源时，应注意安全。

2. 发现检测区域异常用渗透检测方法验证。

3. 可用 0 号砂纸将检测区域的漆层除去，露出金属本色，但应注意不能破坏金属基体；也可用中性除漆剂将检测区域的漆层除去，但应注意不能滴落到其他漆层或橡胶件表面。

【项目练习】

修理厂对某型飞机开展定期检查工作，维护规程中要求对飞机主起落架上支臂 Φ90mm 筒体进行磁粉探伤。检测对象与设备如表 4-18 所示，检测前机械人员已经将工件拆解，请按照表 4-19 要求填写实际操作步骤及过程。

（一）检测对象与设备

表 4-18　检测对象与设备

<table>
<tr><td rowspan="2">检测对象</td><td>零部件名称</td><td>主起落架上支臂</td><td>材　料</td><td>30CrMnSiNi2A</td></tr>
<tr><td>被检部位</td><td>Φ90mm 筒体</td><td>图　示</td><td>Φ90 mm筒体</td></tr>
<tr><td>检测设备</td><td colspan="4">（1）仪器：CTW-6000 型智能磁粉探伤机或同类型设备。
（2）磁粉/磁悬液：黑磁粉；喷罐式黑油磁悬液。
（3）辅助器材：照度计、磁强计、白光灯。
（4）其他：清洗剂、铜棒一根（Φ30mm）、油壶一个、放大镜一个、直尺一把、毛刷一把、红铅笔一支、抹布若干、煤油若干</td></tr>
</table>

（二）实际操作步骤及过程

表 4-19　实际操作步骤及过程

序号	工序及要素名称	操作过程及内容
1	人员要求	检测人员中至少应有 1 名 MT Ⅱ 级或以上级别人员
2	工艺文件	按照该型飞机无损检测工艺手册实施检测
3	仪器和设备	检查磁粉探伤机的完好性，确保其电流显示正确；磁强计功能良好；试片质量完好；检测现场应有与磁粉探伤机相匹配的电源
4	预处理	将要检测工件从机体上拆下（装配件要进行分解）。将工件上的氧化皮、油污、漆层、铁锈、镀层等清除干净

表 4-19（续）

<table>
<tr><th>序号</th><th>工序及要素名称</th><th colspan="2">操作过程及内容</th></tr>
<tr><td rowspan="5">5</td><td rowspan="5">磁化处理</td><td>磁化方法</td><td></td></tr>
<tr><td>磁化规范</td><td></td></tr>
<tr><td>工件夹持方式</td><td></td></tr>
<tr><td>磁化时间</td><td></td></tr>
<tr><td>磁化次数</td><td></td></tr>
<tr><td>6</td><td>施加磁悬液</td><td colspan="2"></td></tr>
<tr><td>7</td><td>磁痕观察</td><td colspan="2"></td></tr>
<tr><td rowspan="2">8</td><td rowspan="2">退磁</td><td>退磁电流</td><td></td></tr>
<tr><td>退磁方式</td><td></td></tr>
<tr><td>9</td><td>后处理</td><td colspan="2">清除工件表面多余的磁悬液和磁粉，清点检测器材</td></tr>
<tr><td>10</td><td>检测记录</td><td colspan="2">检测完成后认真填写检测记录</td></tr>
</table>

项目三：
航空构件的纵向磁化磁粉检测

【项目目标】

➢ 知识目标

1. 知道在役航空构件纵向磁化的具体方法；
2. 掌握在役航空构件纵向磁化磁粉检测的一般工作流程；
3. 掌握识别缺陷磁痕的方法。

➢ 能力目标

能够按照工艺要求，对航空构件实施纵向磁化磁粉检测工作。

【项目描述】

纵向磁化磁粉检测法是利用纵向磁化方法，发现与工件轴向方向相垂直的表面和近表面缺陷的一种磁粉检测方法。常用的纵向磁化方法主要有线圈法、绕电缆法、磁轭法等。纵向磁化磁粉检测适用于航空构件中轴类、管类、棒材和锻件上的周向缺陷以及各类焊缝和大型工件上的局部缺陷的检测。本项目将通过不同的检测案例来学习掌握航空构件的纵向磁化磁粉检测的应用。

【项目实施】

任务 1
飞机液压泵传动轴的纵向磁化磁粉检测

一、工作任务

飞机液压泵传动轴的纵向磁化磁粉检测。

二、任务过程

（一）检测前准备

1. 检测对象

（1）工件名称：液压泵传动轴（见图 4-9）。

（2）工件的材料：40CrMnSiMoA。

（3）检测部位：飞机液压泵传动轴变截面处。

（4）缺陷类型：周向疲劳裂纹。

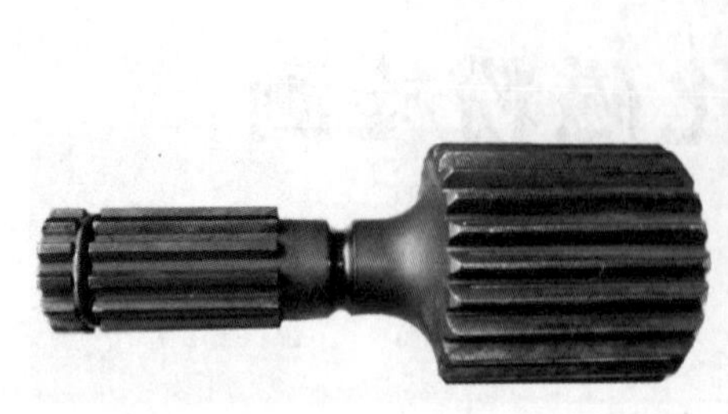

图 4-9 液压泵传动轴及其装配位置

2. 检测器材

（1）仪器：CED-2000 型移动磁粉探伤机或同类型设备。通电前，检查仪器、电缆线是否良好；通电检查设备状态是否正常。

（2）磁悬液：采用黑磁粉，配制浓度 10～25g/L 的煤油磁悬液；或使用黑油磁悬液喷罐。

（3）其他器材：磁强计一只、放大镜一个、直尺一把、抹布若干、清洗剂、砂纸等。

3. 检测方法

由液压泵传动轴的装配位置和工作状态分析，它容易在其变截面处产生周向疲劳裂纹，应采用纵向磁化方法进行检测，在这里采用剩磁法进行检测，磁化方法选线圈法。

（二）检测实施

第一步：预处理

用干净的无毛抹布将检测区域表面的灰尘擦拭干净，再利用清洗剂清除其表面的油污和润滑脂。若液压泵传动轴表面有锈蚀，则应该先用砂纸轻轻除去表面锈蚀，再将其表面清洗干净。

第二步：磁化处理

依据 GJB 2028A—2019《磁粉检测》要求，计算磁化电流；将液压泵传动轴紧贴线圈内壁放置，利用控制面板，输入磁化电流预选值，点击“磁化”按钮，磁化 1～2 次。

第三步：施加磁悬液

磁化后取出液压泵传动轴，将磁悬液摇匀，向传动轴表面喷洒磁悬液，直至表面区域全部润湿，放置 1～2min 后进行检查。也可以将磁化后的传动轴放入到搅拌均匀的磁悬液容器中，浸放 10～20s。

注意：在工件没有检验完毕前，不要与任何铁磁性材料接触，以免产生磁写。

第四步：磁痕观察

仔细观察液压泵传动轴表面，看有无线状磁粉堆积。如发现线状磁粉堆积，且磁粉堆积紧密，形成峰状，并带有尖锐的尾巴时，可将磁粉擦掉，再喷洒磁悬液，如复现性很好，可判为裂纹。

缺陷长度测量：如果发现裂纹，可以用直尺测量裂纹长度，也可进行拍照留存。

第五步：退磁

对检查合格的液压泵传动轴进行退磁。按照磁化时的方式将传动轴紧贴线圈内壁放置，点击“退磁”按钮，退磁 1~2 次。退磁完毕后，用磁强计测量传动轴剩磁，剩磁应不大于 3Gs。

（三）收尾工作

收尾工作主要包括：清点检测器材、清洁检测面、填写探伤报告单。

（四）注意事项

1. 使用外接电源时，应注意安全。

2. 发现检测区域异常用渗透检测方法验证。

任务 2

飞机摇臂的纵向磁化磁粉检测

一、工作任务

飞机摇臂的纵向磁化磁粉检测。

二、任务过程

（一）检测前准备

1. 检测对象

（1）工件名称：摇臂（见图 4-10）。

（2）工件的材料：30CrMnSi。

（3）检测部位：摇臂接耳表面。

（4）缺陷类型：疲劳裂纹。

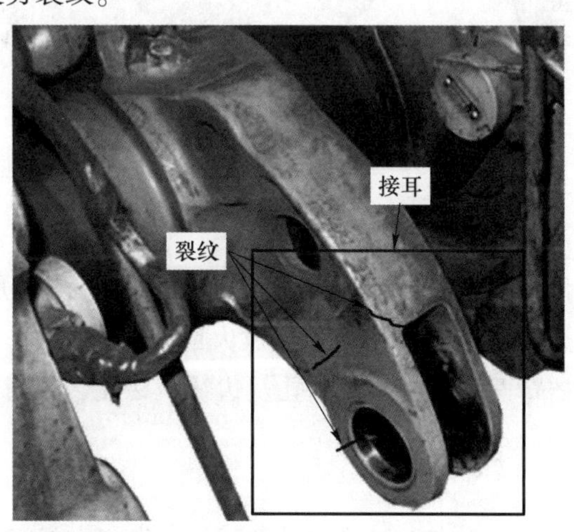

图 4-10 摇臂及其检测部位

2. 检测器材

（1）仪器：CEE-Q1 型手持式智能磁轭探伤仪或同类型设备。通电前，检查仪器、电缆线是否良好；通电检查设备状态是否正常。

（2）磁悬液：采用黑磁粉，配制浓度 10～25g/L 的煤油磁悬液；或使用黑油磁悬液喷罐。

（3）其他器材：磁强计一只、放大镜一个、直尺一把、抹布若干。

3. 检测方法

由摇臂接耳的装配位置和工作状态分析，它容易在其螺栓孔周围、*R* 弧及拐角处产生疲劳裂纹，由于摇臂体积较大，针对其局部宜采用磁轭法进行检测，采用磁轭连续法进行检测。

（二）实施检测

第一步：预处理

用 0 号砂纸将检测区域的漆层除去，露出金属本色，但应注意不能破坏金属基体；也可用中性除漆剂将检测区域的漆层除去，但应注意不能滴落到其他漆层或橡胶件表面；再用干净的无毛抹布将检测区域表面擦拭干净。

第二步：磁化处理

将磁轭探伤仪两个触头的间距调整到合适距离，使两个触头可以方便地达到检测部位，分别与检测面接触好。两个触头应跨过检测区域，并使磁力线方向与可能的裂纹方向尽可能垂直，如图 4-11 所示。

图 4-11　摇臂磁粉检测示意图

第三步：施加磁悬液

按下开关对检测部位进行充磁，同时将摇晃均匀的磁悬液施加在检测部位至完全润湿。浇注磁悬液后，松开开关。1min 后，借助放大镜观察。

注意：依次检查前摇臂两个接耳、中间孔及边缘，磁化区域每次应有不少于 15mm 的重叠。

第四步：磁痕观察

仔细观察被检工件表面，看有无线状磁粉堆积。如发现有线状磁粉堆积，且磁粉堆积紧密，磁痕鲜明清晰，呈峰状，两端带有尖锐的尾巴时，可将磁粉擦掉，再喷洒磁悬液，如复现性很好，可判为裂纹；划伤或疤痕也会有磁粉显示，但磁粉聚积稀疏。

缺陷的大小：如果发现裂纹，可以用直尺测量裂纹长度。

第五步：退磁

对检查合格的摇臂进行退磁。按照磁化时的方式夹装到设备上，点击“退磁”按钮，退磁 1~2 次。退磁完毕后，用磁强计测量剩磁，剩磁应不大于 3Gs。

备注：对于没有退磁功能的电磁轭设备，采用距离法进行退磁。

（三）收尾工作

收尾工作主要包括：清点检测器材、清洁检测面、填写探伤报告单。

（四）注意事项

1. 连续法磁粉检测时，注意在磁化的同时施加磁悬液；每个区域的磁痕观察完毕后，才可以继续进行下一个区域的磁化检测。

2. 空气间隙影响检测灵敏度，应尽量增大磁极与工件接触面积。

3. 使用外接电源时，应注意安全。

4. 发现检测区域异常用渗透检测方法验证。

任务 3
飞机主机轮高强度螺栓的纵向磁化磁粉检测

一、工作任务

飞机主机轮高强度螺栓的纵向磁化磁粉检测。

二、任务过程

（一）检测前准备

1. 检测对象

（1）工件名称：主机轮高强度螺栓（直径 8mm，长度 30mm，见图 4-12）。

（2）工件的材料：30CrMnSiNi2A。

（3）检测部位：螺栓表面，特别注意螺栓头部与光杆连接部位及靠近光杆的螺纹部位。

（4）缺陷类型：周向疲劳裂纹。

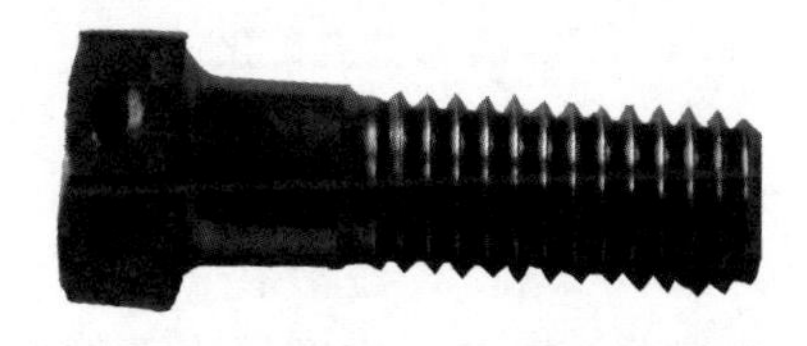

图 4-12　飞机主机轮高强度螺栓

2. 检测器材

（1）仪器：带线圈的移动磁粉探伤机（如 CED-2000 型或同类型设备）。通电前，检查仪器、电缆线是否良好；通电检查设备状态是否正常。

（2）磁悬液：采用黑磁粉，配制浓度 10~25g/L 的煤油磁悬液；或使用黑油磁悬液喷罐。

(3) 其他器材：磁强计一只、放大镜一个、直尺一把、抹布若干、清洗剂、延长杆等。

3. 检测方法

由高强度螺栓的装配位置和工作状态分析，它容易在螺栓头部与光杆连接部位及靠近光杆的螺纹部位产生周向疲劳裂纹，应采用纵向磁化方法进行检测。由于螺纹部位容易产生漏磁场，因此宜采用剩磁法，本任务采用的磁化方法为线圈法。

注意：由于高强度螺栓的长径比小于2，纵向磁化时易产生较大的退磁场，因此磁化时需要增加一根延长杆。

(二) 检测实施

第一步：预处理

用干净的无毛抹布将检测区域表面擦拭干净，再利用清洗剂清除其表面的油污和润滑脂。

第二步：磁化处理

将高强度螺栓与延长杆装配良好，保证工件长径比不小于2，放在磁化线圈内，并紧贴线圈内壁放置，使工件中磁场方向如图4-13所示。输入纵向磁化电流，每次通电时间约为0.5~1s。

注意：每次磁化时，应先使用高斯计测量空载线圈中心的磁场强度，当确认磁化时空载线圈中心的磁场强度不小于20kA/m时，方可进行工件的磁化。

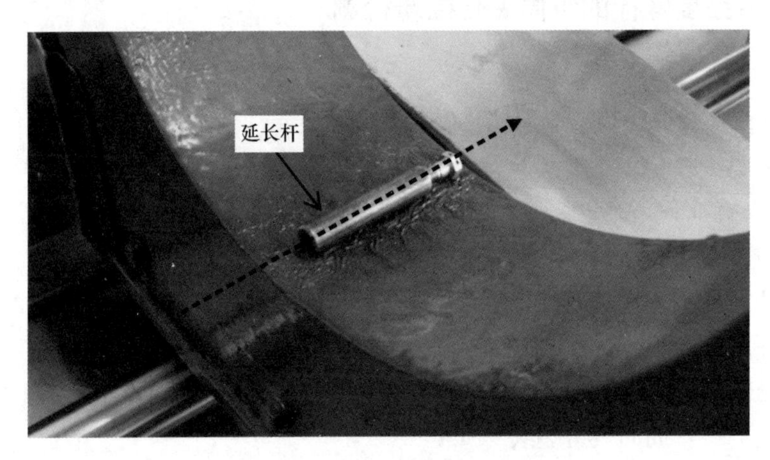

图4-13 高强度螺栓磁化示意图

------→ —工作中磁场方向

第三步：施加磁悬液

磁化后取出高强度螺栓，将磁悬液摇匀，向螺栓表面喷洒磁悬液，直至表面区域全部润湿，放置1~2min后进行检查。也可以将磁化后的螺栓放入到搅拌均匀的磁悬液容器中，浸放10~20s。

注意：在工件没有检验完毕前，不要与任何铁磁性材料接触，以免产生磁写。

第四步：磁痕观察

仔细观察螺栓各处，特别是螺栓头部与光杆连接部位及靠近光杆的螺纹部位，看有无线状磁粉堆积。如发现线状磁粉堆积，且磁粉堆积紧密，形成峰状，并带有尖锐的尾巴时，可将磁粉擦掉，再喷洒磁悬液，如复现性很好，可判为裂纹。

缺陷长度测量：如果发现裂纹，可以用直尺测量裂纹长度，也可进行拍照留存。

第五步：退磁

对合格螺栓进行退磁。在仪器控制面板上选择“退磁”功能，按照“磁化”时的安匝数对螺栓进行退磁。退磁完毕后，用磁强计测量螺栓剩磁，剩磁应不大于3Gs。

（三）收尾工作

收尾工作主要包括：清点检测器材、清洁检测面、填写探伤报告单。

（四）注意事项

1. 使用外接电源时，应注意安全。

2. 发现检测区域异常用渗透检测方法验证。

任务4

甲板焊缝的纵向磁化磁粉检测

一、工作任务

甲板焊缝的纵向磁化磁粉检测。

二、任务过程

（一）检测前准备

1. 检测对象

（1）工件名称：甲板焊缝（见图4-14）。

（2）工件的材料：30CrMnSiNi2A。

（3）检测部位：焊缝。

（4）缺陷类型：疲劳裂纹。

图4-14　甲板焊缝

2. 检测器材

（1）仪器：CEE-Q1 型手持式智能磁轭探伤仪或同类型设备。通电前，检查仪器、电缆线是否良好；通电检查设备状态是否正常。

（2）磁悬液：采用黑磁粉，配制浓度 10~25g/L 的煤油磁悬液；或使用黑油磁悬液喷罐。

（3）其他器材：磁强计一只、放大镜一个、直尺一把、抹布若干。

3. 检测方法

针对大型装备的局部检测，建议采用磁轭法进行磁化，检测方法采用连续法。

（二）实施检测

第一步：预处理

由机械人员完成去漆处理，露出金属本色，但应注意不能破坏金属基体；再用干净的无毛抹布将检测区域表面擦拭干净。

第二步：磁化处理

将磁轭探伤仪两个触头的间距调整到合适距离，使两个触头可以方便地达到检测部位，分别与检测面接触好。两个触头应跨过检测区域，并使磁力线方向与可能的裂纹方向尽可能垂直。

第三步：施加磁悬液

磁化的同时将摇晃均匀的磁悬液施加到检测部位至完全润湿。边磁化边施加磁悬液。1min 后，借助放大镜观察。

第四步：磁痕观察

仔细观察被检工件表面，看有无线状磁粉堆积。如发现线状磁粉堆积，且磁粉堆积紧密，磁痕鲜明清晰，呈峰状，两端带有尖锐的尾巴时，可将磁粉擦掉，再边磁化边喷洒磁悬液，如复现性很好，可判为裂纹；划伤或疤痕也会有磁粉显示，但磁粉聚积稀疏。

缺陷的大小：如果发现裂纹时，可以用直尺测量裂纹长度。

第五步：退磁

对检查合格的焊缝进行退磁。按照磁化时的方式将磁轭夹装在被检焊缝上，点击“退磁”按钮，退磁 1~2 次。退磁完毕后，用磁强计测量被磁化处焊缝剩磁，剩磁应不大于 3Gs。

备注：对于没有退磁功能的电磁轭设备，采用距离法进行退磁。

（三）收尾工作

收尾工作主要包括：清点检测器材、清洁检测面、填写探伤报告单。

（四）注意事项

1. 连续法磁粉检测时，注意在磁化的同时施加磁悬液；每个区域的磁痕观察完毕后，才可以继续进行下一个区域的磁粉检测。

2. 空气间隙影响检测灵敏度，应尽量增大磁极与工件接触面积。

3. 使用外接电源时，应注意安全。

4. 发现检测区域异常用渗透检测方法验证。

【项目练习】

修理厂对某型飞机开展定期检查工作，维护规程中要求对飞机前起落架外筒筒体进行磁粉探伤。检测对象与设备如表 4-20 所示，检测前机械人员已经将工件拆解好，请按照表 4-21 要求填写实际操作步骤及过程。

（一）检测对象与设备

表 4-20　检测对象与设备

检测对象	零部件名称	前起落架外筒筒体	材　料	30CrMnSiNi2A
	被检部位	重点检查筒体带槽凸缘 R 区；与端头螺母连接螺纹部分	图　示	连接R处 端头螺母连接螺纹部分
检测设备	（1）仪器：CTW-6000 型智能磁粉探伤机或同类型设备。 （2）磁粉/磁悬液：黑磁粉；喷罐式黑油磁悬液。 （3）辅助器材：照度计、磁强计、白光灯。 （4）其他：清洗剂、油壶一个、放大镜一个、直尺一把、毛刷一把、红铅笔一支、抹布若干、煤油若干			

（二）实际操作步骤及过程

表 4-21　实际操作步骤及过程

序号	工序及要素名称	操作过程及内容
1	人员要求	检测人员中至少应有 1 名 MT Ⅱ 级或以上级别人员
2	工艺文件	按照该型飞机无损检测工艺手册实施检测
3	仪器和设备	检查磁粉探伤机的完好性，确保其电流显示正确；磁强计功能良好；试片质量完好；检测现场应有与磁粉探伤机相匹配的电源

表 4-21（续）

<table>
<tr><th>序号</th><th>工序及要素名称</th><th colspan="2">操作过程及内容</th></tr>
<tr><td>4</td><td>预处理</td><td colspan="2">将要检测工件从机体上拆下（装配件要进行分解）。将工件上的氧化皮、油污、漆层、铁锈、镀层等清除干净</td></tr>
<tr><td rowspan="3">5</td><td rowspan="3">磁化处理</td><td>磁化方法</td><td></td></tr>
<tr><td>磁化规范</td><td></td></tr>
<tr><td>磁化时间</td><td></td></tr>
<tr><td>6</td><td>施加磁悬液</td><td colspan="2"></td></tr>
<tr><td>7</td><td>磁痕观察</td><td colspan="2"></td></tr>
<tr><td rowspan="2">8</td><td rowspan="2">退磁</td><td>退磁电流</td><td></td></tr>
<tr><td>退磁方式</td><td></td></tr>
<tr><td>9</td><td>后处理</td><td colspan="2">清除工件表面多余的磁悬液和磁粉，清点检测器材</td></tr>
<tr><td>10</td><td>检测记录</td><td colspan="2">检测完成后认真填写检测记录</td></tr>
</table>

项目四：
复杂航空构件的多向磁化磁粉检测

【项目目标】

- 知识目标
  1. 知道复杂航空构件多向磁化的具体方法；
  2. 掌握多向磁化磁粉检测的一般工作流程；
  3. 掌握识别缺陷磁痕的方法。
- 能力目标

  能够按照工艺要求，对航空构件实施多向磁化磁粉检测工作。

【项目描述】

在役航空构件由于结构和服役状态都比较复杂，因此可能会产生多个方向上的裂纹，所以需要采用多向磁化方法对工件进行检测。工业制造过程中，通常采用交叉磁轭的方法进行磁化，而在航空维修中则通常采用先周向磁化，再纵向磁化的方法进行检测。本项目将通过不同的检测案例来学习掌握航空构件的多向磁化磁粉检测的应用。

【项目实施】

任务 1
气瓶的磁粉检测

一、工作任务

飞机压力气瓶的磁粉检测。

二、任务过程

（一）检测前准备

1. 检测对象

（1）工件名称：气瓶（见图 4-15）。

（2）工件的材料：30CrMnSiA。

（3）检测部位：气瓶表面。

（4）缺陷类型：疲劳裂纹。

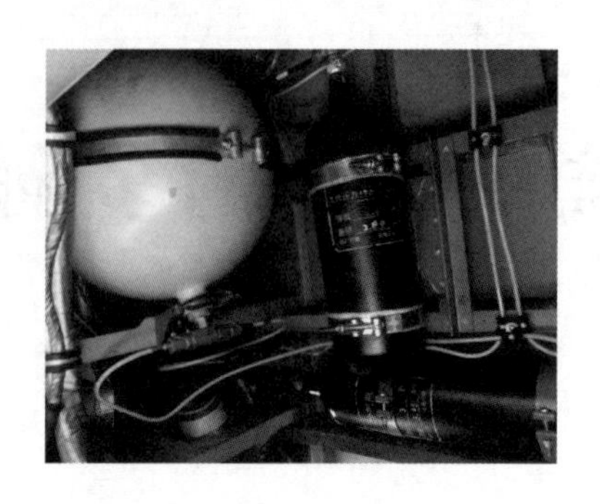

图 4-15　气瓶及其装配位置

2. 检测器材准备

（1）仪器：CTW-6000 型智能磁粉探伤机或同类型设备。通电前，检查仪器、电缆线是否良好；通电检查设备状态是否正常。

（2）磁悬液：采用黑磁粉，配制浓度 10~25g/L 的煤油磁悬液；或使用黑油磁悬液喷灌。

（3）其他器材：磁强计一只、放大镜一个、直尺一把、抹布若干。

3. 检测方法

由气瓶的装配位置和工作状态分析，它容易在瓶颈处产生周向裂纹及在其他外表面处产生多向裂纹，需要采用多种磁化方法进行磁化，检测方法采用剩磁法。

（二）检测实施

第一步：预处理

将气瓶从机身分解下来，去除表面涂覆层，但注意不能破坏气瓶基体；用干净的无毛抹布将检测区域表面擦拭干净。

第二步：磁化及施加磁悬液

周向磁化：将气瓶沿轴向夹持在两电极之间。为保持夹持紧密，应在气瓶与电极的接触面加垫铜网以增加接触面积，防止打火。输入周向磁化电流预选值。点击“磁化”按钮，磁化 1~2 次。

纵向磁化：将气瓶放置在线圈内，在气瓶上施加磁悬液，使检测部位完全润湿。输入纵向磁化电流预选值。点击“磁化”按钮，磁化 1~2 次。为防止漏检，应进行分段磁化，每次磁化要有 10%的重叠区。

第三步：磁痕观察

静置 1~2min 后，借助放大镜观察，看有无线状磁粉堆积。如发现线状磁粉堆积，且磁粉堆积紧密，磁痕鲜明清晰，呈峰状，两端带有尖锐的尾巴时，可将磁粉擦掉，再喷洒磁悬液，如复现性很好，可判为裂纹；划伤或疤痕也会有磁粉显示，但磁粉聚积稀疏。如图 4-16 所示。

缺陷的大小：如果发现裂纹，可以用直尺测量裂纹长度，也可进行拍照留存。

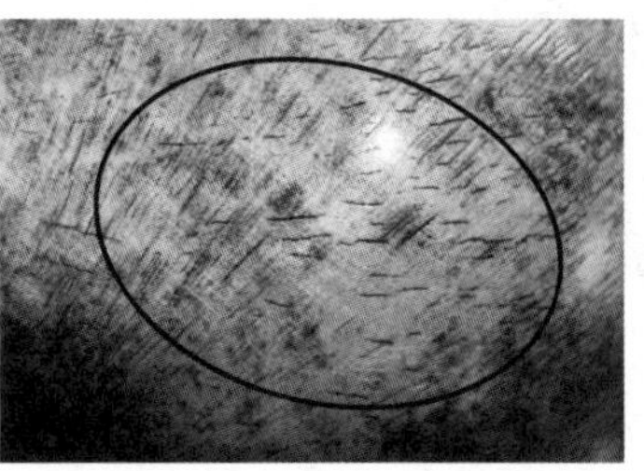

图 4-16 磁痕示意图

第四步：退磁

对检查合格的气瓶进行退磁。按照纵向磁化时的方式加装到设备上，点击“退磁”按钮，退磁 1~2 次。退磁完毕后，用磁强计测量气瓶剩磁，剩磁应不大于 3Gs。

（三）收尾工作

收尾工作主要包括：清点检测器材、清洁检测面、填写探伤报告单。

（四）注意事项

1. 使用外接电源时，应注意安全。

2. 发现检测区域异常用渗透检测方法验证。

任务 2
飞机调节接头的磁粉检测

一、工作任务

飞机调节接头的磁粉检测。

二、任务过程

（一）检测前准备

1. 检测对象

（1）工件名称：调节接头（见图 4-17）。

（2）工件的材料：30CrMnSiA。

（3）检测部位：调节接头螺杆根部及衬套内表面。

（4）缺陷类型：疲劳裂纹。

图 4-17 调节接头及其装配位置

2. 检测器材准备

(1) 仪器：CTW-6000型智能磁粉探伤机或同类型设备。通电前，检查仪器、电缆线是否良好；通电检查设备状态是否正常。

(2) 磁悬液：采用黑磁粉，配制浓度10~25g/L的煤油磁悬液；或使用黑油磁悬液喷灌。

(3) 其他器材：磁强计一只、铜棒一根、放大镜一个、直尺一把、抹布若干。

3. 检测方法

由调节接头的装配位置和工作状态分析，它容易在其螺杆根部产生周向裂纹，在其衬套内表面产生沿轴向或端面径向的裂纹，针对不同检测部位需要采用多种磁化方法进行磁化，检测方法采用剩磁法。

(二) 实施检测

第一步：预处理

将调节接头从机身分解下来，去除表面涂覆层，但注意不能破坏调节接头基体；用干净的无毛抹布将检测区域表面擦拭干净。

第二步：磁化及施加磁悬液

周向磁化：将铜棒从调节接头中心孔穿入，使铜棒两端夹持在两电极之间。为保持夹持紧密，应在铜棒与电极的接触面加垫铜网以增加接触面积，防止打火。输入磁化电流预选值，点击“磁化”按钮，磁化1~2次。取下磁化后的调节接头，将磁悬液摇晃均匀，施加在检测部位至完全润湿。静置1~2min后，借助放大镜观察。

纵向磁化：将调节接头放置在线圈内，输入纵向磁化电流预选值，点击“磁化”按钮，磁化1~2次。取下磁化后的调节接头，将磁悬液摇晃均匀，施加在检测部位至完全润湿。静置1~2min后，借助放大镜观察。

第三步：磁痕观察

仔细观察被检工件表面，看有无线状磁粉堆积。如发现线状磁粉堆积，且磁粉堆积紧密，磁痕鲜明清晰，呈峰状，两端带有尖锐的尾巴时，可将磁粉擦掉，再喷洒磁悬液，如复现性很好，可判为裂纹；划伤或疤痕也会有磁粉显示，但磁粉聚积稀疏。如图4-18所示。

图4-18　磁痕示意图

缺陷的大小：如果发现裂纹，可以用直尺测量裂纹长度，也可进行拍照留存。

第四步：退磁

对检查合格的调节接头进行退磁。按照磁化时的方式将工件加装到设备上，点击“退磁”按钮，退磁1~2次。退磁完毕后，用磁强计测量调节接头剩磁，剩磁应不大于3Gs。

(三) 收尾工作

收尾工作主要包括：清点检测器材、清洁检测面、填写探伤报告单。

(四) 注意事项

1. 使用外接电源时，应注意安全。

2. 发现检测区域异常用渗透检测方法验证。

【项目练习】

修理厂对某型飞机开展定期检查工作，维护规程中要求对主起落架缓冲器上螺栓进行磁粉探伤。检测对象与设备如表 4-22 所示，检测前机械人员已经将工件拆解好，请按照表 4-23 要求填写实际操作步骤及过程。

（一）检测对象与设备

表 4-22　检测对象与设备

<table>
<tr><td rowspan="3">检测对象</td><td>零部件名称</td><td>主起落架
缓冲器上螺栓</td><td>材　料</td><td>30CrMnSiNi2A</td></tr>
<tr><td rowspan="2">被检部位</td><td>螺栓连接孔孔边</td><td rowspan="2">图　示</td><td rowspan="2">螺栓端部R处
螺栓孔
螺纹根部及退刀槽处</td></tr>
<tr><td>外表面，特别是螺栓端部R处，及螺纹根部及退刀槽处</td></tr>
<tr><td>检测设备</td><td colspan="4">（1）仪器：CTW-6000 型智能磁粉探伤机或同类型设备。
（2）磁粉/磁悬液：黑磁粉；喷罐式黑油磁悬液。
（3）辅助器材：照度计、磁强计、白光灯。
（4）其他：清洗剂、铜棒一根（Φ30mm）、油壶一个、放大镜一个、直尺一把、毛刷一把、红铅笔一支、抹布若干、煤油若干</td></tr>
</table>

（二）实际操作步骤及过程

表 4-23　实际操作步骤及过程

序号	工序及要素名称	操作过程及内容
1	人员要求	检测人员中至少应有 1 名 MTⅡ级或以上级别人员
2	工艺文件	按照该型飞机无损检测工艺手册实施检测
3	仪器和设备	检查磁粉探伤机的完好性，确保其电流显示正确；磁强计功能良好；试片质量完好；检测现场应有与磁粉探伤机相匹配的电源
4	预处理	将要检测工件从机体上拆下（装配件要进行分解）。将工件上的氧化皮、油污、漆层、铁锈、镀层等清除干净

表 4-23（续）

序号	工序及要素名称	操作过程及内容		
5	磁化处理	磁化方法		
		磁化规范		
		工件夹持方式		
		磁化时间		
6	施加磁悬液			
7	磁痕观察			
8	退磁	退磁电流		
		退磁方式		
9	后处理	清除工件表面多余的磁悬液和磁粉，清点检测器材		
10	检测记录	检测完成后认真填写检测记录		

岗位篇知识图谱

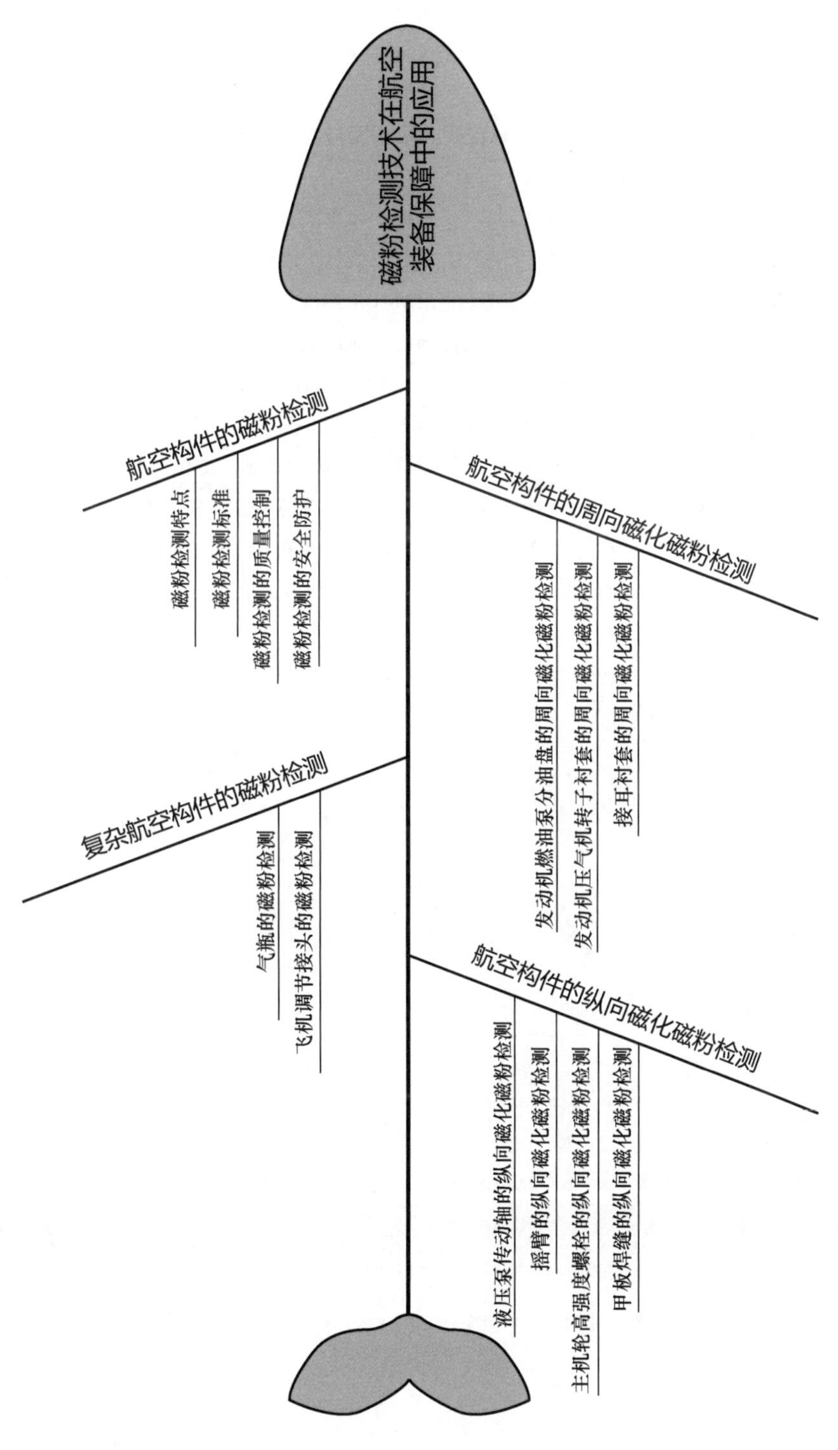
磁粉检测技术在航空装备保障中的应用
航空构件的磁粉检测
磁粉检测特点
磁粉检测标准
磁粉检测的质量控制
磁粉检测的安全防护
航空构件的周向磁化磁粉检测
发动机燃油泵分油盘的周向磁化磁粉检测
发动机压气机转子衬套的周向磁化磁粉检测
接耳衬套的周向磁化磁粉检测
复杂航空构件的磁粉检测
气瓶的磁粉检测
飞机调节接头的磁粉检测
航空构件的纵向磁化磁粉检测
液压泵传动轴的纵向磁化磁粉检测
摇臂的纵向磁化磁粉检测
主机轮高强度螺栓的纵向磁化磁粉检测
甲板焊缝的纵向磁化磁粉检测

参考文献

[1] 民航无损检测人员资格鉴定与认证委员会．航空器磁粉检测 [M]. 北京：中国民航出版社，2009.
[2] 杜来林，吴德新．无损检测设备及工艺 [D]. 信阳：空军第一航空学院，1995.
[3] 谢小荣，杨小林．飞机损伤检测 [M]. 北京：航空工业出版社，2006.
[4] 民航无损检测人员资格鉴定与认证委员会．航空器无损检测综合知识 [M]. 北京：中国民航出版社，2008.
[5] 国防科技工业无损检测人员资格鉴定与认证委员会．无损检测综合知识 [M]. 北京：机械工业出版社，2007.
[6] 李家伟，陈积懋．无损检测手册 [M]. 北京：机械工业出版社，2006.
[7] 宋志哲．磁粉检测 [M]. 北京：中国劳动社会保障出版社，2018.
[8] 唐继红．无损检测实验 [M]. 北京：机械工业出版社，2011.
[9] 陈新波．航空装备无损检测技术 [M]. 北京：国防工业出版社，2020.
[10] 夏纪真．工业无损检测技术（磁粉检测）[M]. 广州：中山大学出版社，2013.
[11] 中央军委装备发展部．GJB 2028A—2019 磁粉检测 [S]. 2019.
[12] 国家能源局．NB/T 47013. 4—2015 承压设备无损检测　第 4 部分：磁粉检测 [S]. 2015.
[13] 中华人民共和国航空工业部．HB 5370—87 磁粉探伤：橡胶铸型法 [S]. 1987.
[14] 国家国防科技工业局．HB/Z 184—2016 磁粉检测典型显示图谱 [S]. 2016.
[15] 中央军委装备发展部．GJB 4602A—2022 航空维修无损检测质量控制 磁粉探伤 [S]. 2022.